发现数学系列

跟着马老师学数学之一带一路

旅游中的数学

——走进埃及

丛书主编 ◎ 李观政　马芷兰　吴正宪

丛书主审 ◎ 段福生

本书主编 ◎ 孙佳威　刘东旭

本书副主编 ◎ 王　萱　林蕊馨

本书参编 ◎ 赵丽娜　夏梦禹　王　岩　穆　健　高　鹏

肖　亮　李　晨　朱厚颖　李　岩　黄　攀

本书主审 ◎ 刘阿劼

電子工業出版社

Publishing House of Electronics Industry

北京 · BEIJING

内 容 简 介

本套丛书主要讲述了马老师带领孩子们沿着“一带一路”共建国家旅游中的所见所闻，通过生动有趣的故事情节，探讨了与旅游相关的各种数学问题，不仅展示了数学在日常生活中的实际应用，还通过小学生的独特视角，描述了每个景点的地理位置、历史文化、民族风情，以及中国与“一带一路”共建国家合作共赢、友谊绵长的故事。书中通过质疑、追问和互动交流的方式，帮助读者将数学知识应用到实际情境中，培养逻辑思维、解决问题能力和跨文化理解等当代和未来人才需要的核心素养。

本书面向对数学知识实践应用充满兴趣、渴望提升逻辑思维与解决问题能力，同时对跨文化交流内容抱有热情的小读者，以及他们的家长和教师。

图书在版编目（CIP）数据

旅游中的数学. 走进埃及 / 孙佳威, 刘东旭主编. 北京 : 电子工业出版社, 2025. 5. -- (发现数学系列 / 李观政, 马芯兰, 吴正宪主编). -- ISBN 978-7-121-50040-4

Ⅰ. 01-49

中国国家版本馆 CIP 数据核字第 2025NS6845 号

责任编辑：关雅莉　　文字编辑：刘　佳
印　　刷：天津千鹤文化传播有限公司
装　　订：天津千鹤文化传播有限公司
出版发行：电子工业出版社
　　　　　北京市海淀区万寿路 173 信箱　邮编　100036
开　　本：787×1 092　1/32　印张：7.75　字数：142.6 千字
版　　次：2025 年 5 月第 1 版
印　　次：2025 年 7 月第 3 次印刷
定　　价：35.00 元

凡所购买电子工业出版社图书有缺损问题，请向购买书店调换。若书店售缺，请与本社发行部联系，联系及邮购电话：（010）88254888，88258888。

质量投诉请发邮件至 zlts@phei.com.cn，盗版侵权举报请发邮件至 dbqq@phei.com.cn。

本书咨询联系方式：（010）88254589，guanyl@phei.com.cn。

序一

受到《发现数学系列：跟着马老师学数学之一带一路》丛书编写组的邀请，为这套充满教育智慧和浪漫色彩的丛书写序，我深感荣幸与忐忑。荣幸的是我得到了编写组的信任与嘱托。这个团队长期从事教学改革前沿的研究与探索，始终未曾停止，从过去到现在，一直对中国小学数学教育本质性的进步产生着深刻影响。忐忑的是，他们在这套书的编写设计方面，勇敢地探索了当今学习科学和课程教学理论所关注的重大问题，即情境主义教学的设计。我没有把握能对他们的探索介绍得简明且准确，但我愿在这篇序中谈谈自己粗浅的看法。

首先，我认为有必要简要介绍一下编写团队的主要专家，因为他们在基础教育领域留下的足迹和展现出的风貌，即是这套书的文化特征与价值所在。

李观政同志，从事教育工作长达三十八年。二十一世纪初，她以北京市教育委员会主管基础教育的副主任身份，坚定、执着且有力地组织并推动了北京市基础教育课程改革，在这一过程中，她积累和总结了关于课程改革的宝贵经验，培育了一批课程改革示范基地以及先进个人。在此期间，她始终以充满创造性与开拓性的姿态致力于新课程的改革与研究，组织开展了一批具有时代特点的研究和实践项目，也正是因为她多年来不间断地深入思考、积累以及积极推动，才使得本丛书的创意建立在较高的视野之上，其专业的出发点则是情境主义教学理论。

马芯兰老师——本丛书的主人公之一，从事小学数学改革与实验长达五十余年。如今，她担任北京市朝阳区星河实验小学校长（顾问），是特级教师、全国劳动模范、五一劳动奖章获得者……然而，她依旧坚守在小学教室的讲台上，坚持为小学生教授数学。她从未停止对小学数学教育至高境界的追求，这一至高境界既不神秘也不缥缈，而是饱含对学生的爱，充满对小学数学教育规律的探索、实验与总结，还洋溢着像年轻人一样的浪漫、热情和勇气，始终站在最具挑战的改革前沿，默默地投身于最纠结却又最有价值的数学教育工作。在这年复一年、日复一日看似平静而单调的时光里，马老师和孩子们共同创造了一个崭新、有趣、精彩与惊喜交织，让人难以忘怀的数学学习世界。经过二十余年的实践检验，她开创的“马芯兰小学数学教学法”在中国小学数学教育领域获得高度认可。该教学法于 2014 年荣获首届国家级教学成果一等奖，并作为国家级成果得以推广。

吴正宪老师，仅用数学特级教师、北京市优秀教师、全国模范教师等一系列职称和荣誉，都不足以完整勾勒出一个真实、立体的吴正宪老师。在四十余年的教育生涯中，她对中国小学数学教育始终保持着充沛的热情，做出了富有创造性的贡献。如今，她担任中国教育学会小学数学专业委员会理事长，可她不仅从未离开课堂，还积极投身大西北边远地区支教工作。并且，她在北京的所有区县，尤其是远郊区县都设立了自己的工作站，以此助力培养当地教师。吴老师甘为人梯，善于合作，勤勉工作，散发着卓越的人格魅力。她的教学研究成果荣获教育部国家级教学成果一等奖、北京市政府教学成果一等奖。

特别要提到的是，本丛书编写组的成员来自北京的东城区、西城区、朝阳区、海淀区、丰台区、通州区、顺义区、大兴区、门头沟区等地，共计 70 余人。他们中有成果丰硕的特级教师、区县教研员、数学学科带头人、校长、大学研究人员等。面对这样实力强劲的团队以及如此独具匠心的选题，为其写序，我又怎能不感到忐忑呢？

我国《普通高中课程方案和课程标准（2017 年版）》以核心素养为纲，以落实学生核心素养为导向开展教学改革。它不再以传统的学科内容习得作为设计主线，而是通过连接学生生活、学校教育与未来社会的挑战，明确育人目标，整合了多维度素养。融合生活逻辑、学科内容体系、跨学科素养培养的课程环境，让学习者在真实问题和现实情境中主动学习、进行团队互动，从而完成知识的意义建构和能力的提升。而《义务教育课程方案和课程标准（2022 年版）》和《义务教育数学课程标准（2022 年版）》同样注重强调用数学眼光观察现实世界，用数学思维思考现实世界，用数学语言描述现实世界，体现跨学科理念。

本套丛书正是力图践行培养学生核心素养的改革方略。它以旅行中所涉及的九个国家的历史、地理、自然景观、风土人情为素材和学习情境；马老师带着孩子们走进不同国家，引导他们用数学的眼光观察世界，用数学的语言描述新情境，提出有价值的问题；促进学生在具体情境中用数学的思维去分析、联想、推理……利用多种学习策略，构建学习共同体，经历问题解决的过程。这种设计思想突出的是：学生数学重要概念和技能的形成、掌握和迁移，不是在课堂上对序列知识点进行点对点地学习和操练，而是将与达成学习目标相关的内容与经验，置于旅游的情境之中，并设计为学习任务或学习主题。学生则利用已学过的知识、技能、概念，在提出问题和解决问题的过程中，在学习共同体的交互作用中，实现有意义的学习，构建新的知识、技能和概念。

选择以各国旅游为情境，显然是充分考量了学生的兴趣与动机。众多研究表明，当为学生提供能够选择并发展自身兴趣的契机时，他们会更主动地对自己的学习负起责任。反观传统教学环境，学生常常处于被动地位，发展自我决策能力、自我监督能力及自我调整能力的机会常常被限制，然而这些能力恰恰是提升学生学习能力的关键所在，对其学业发展和终身成长都有着不可或缺的意义。

为何要着重强调真实情境和真实任务呢？这实际上脱离了当下课堂教学单纯与高考分数挂钩的功利追求。在修订标准的进程中，我们不断被问道：“将来考试是否会考查情境和任务？占比会有多少？”确实，要直接回答这个问题，存在着关于受教育价值和逻辑的分歧。学校教育的终极目标，是助力学生将在学校学到的知识、技能、方法、价值观以及终身学习的积极意愿和能力等，应用到未来的工作、家庭生活中，乃至对其漫长的人生产生深远影响。

真实情境和真实任务，有助于推动学生的学习从课堂向其他场景转移，让学生有机会直面非学校环境。在真实情境里，在解决真实任务的过程中，学生能够将新知识与已习得知识相融合，清晰阐述问题并进行推论，批判性地重新构建自己的思维。如此一来，学生能深切体会到学习经验之间的共通之处，进而发展出多种认知策略和自我调节机制，自主规划学习过程，切实落实素养目标，让学生得以创造性地成长。

一个行之有效且恰如其分的真实情境与真实任务，旨在为学生的学习提供有力支撑，绝非为了迎合新形式主义。其核心要点应当聚焦于明确学习目标，以及为达成这一目标所精心挑选的学习内容、积累的学习经验和采用的学习策略。尤其需要着重指出的是，学习活动务必扎根于真实应用场景。与此同时，在真实情境中完成真实任务，还离不开学生之间以及学生与教师之间的互动交流。唯有在互动过程中，作为学习个体的学生才不会仅仅局限于认知层面，不再孤独、彼此缺乏联系，而是通过相互交流学习，在合作、探究以及批判性思维的碰撞中，完成学生社会性和文化特征的构建。

在本丛书中，教师的角色不仅是内容提供的专家，更是学习和问题解决的专家。教师通过提示协助学生提出问题，并对知识学习和问题解决过程进行指导与示范，其目的并非寻求精确无误的答案，而是引领学生完整经历问题解决的全过程。

在基础教育课程改革历经二十余载的当下，广大一线教师在教学改革的艰难摸索中，在深刻反思与勤奋学习中，在未来挑战的重重压力面前，毅然选择了执着前行。尽管本套丛书在情境选择、问题提出、学习策略设计、共同体交互等方面仍存在有待完善之处，然而，我们能够达成一个共识：任何意义深远的改革都无法一蹴而就，它需要时间沉淀、需要经验积累、需要不断升华。

祝愿探索者成功！

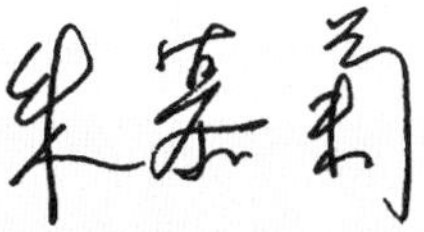

2025 年 1 月

序二

陶行知先生说：“生活即教育”“社会即学校”。在《发现数学系列：跟着马老师学数学之一带一路》丛书中你可以感受到这样的理念。我们更期待书中的场景能够真实发生，使更多小读者在旅行中、实践中、生活中获得学科素养，感受历史文化、民俗风情，交到伙伴朋友……

基础教育既要夯实学生的知识基础，也要激发学生崇尚科学、探索未知的兴趣，培养其探索性、创新性思维品质。面向教育强国建设新目标新要求，需要树立新的教育资源环境观，穿越课堂、教室、校园边界，以真实情境下的真实问题形成育人“新场景”。流量包怎么买？时差怎么算？货币如何兑换？……这套丛书将数学知识置于旅行的生动、具体场景中，让孩子在做中学、在用中学，体验到数学的实用性和趣味性，从而激发学习数学的兴趣。

丛书的内容设计凸显学科融合和交叉的特点，描述了马老师带着孩子们在“一带一路”共建国家旅游的所见所闻，通过一个个小故事探讨与旅行相关的各种数学问题，同时自然融入地理、历史、文化等其他领域知识和思维方式，带来一种全新的学习体验，利于科学素养的提升和知识体系的构建。

好奇心是人的天性，对科学兴趣的引导和培养要从娃娃抓起。要不断优化教育供给的内容、方式、策略，努力为孩子提供激发探索兴趣和好奇心的机制，让孩子在好奇心的驱动下找到途径，解决问题，激发探究的欲望、主动性和积极性，形成“内生动力”，以高效的教育供给激活育人“新动能”。一次旅行会遇到各种各样的问题，如何打车、如何购物、如何合理安排景点的观看次序等，这些问题都为数学和科学素养培养提供了丰富的应用场景，潜移默化地让孩子形成会想事、会做事的能力；通过探究木乃伊的年龄与数轴上的公元纪年法等问题，增加旅行的挑战性和趣味性，同时关注人类共同面临的生存话题——环保、安全、健康等，让孩子更多地关注身边的人和事、关注国家和世界，努力去思考，主动去担当。

《发现数学系列：跟着马老师学数学之一带一路》是一套将学科知识与“一带一路”共建国家之旅结合的好书，无论是对于喜欢数学和旅行的“小读者”，还是对于老师和家长等“大读者”0，都值得一读，而我更加关注大家的“阅读方式”和“读后效应”。比如可以同伴共读、师读、亲子共读或者分角色、按场景沉浸式阅读；可以延伸设计为对“一带一路”共建国家的项目式、探究式主题学习；还可以写一篇读后感、试着给“一带一路”共建国家“素未谋面”的伙伴写一封信。也可以真的规划一次到“一带一路”共建国家的旅行，从路线设计到行程攻略，用脚步去真实体验和感受书中的场景，认识异国他乡的朋友，去实实在在获得……

我们期待更多这样的好书，也期待学校、家庭、社会协同为孩子提供更生动、鲜活、丰富的教育资源和环境，更期待孩子们都能读万卷书，行万里路，成为堪当强国建设、民族复兴大任的栋梁之材。

2025 年 2 月

前言

在教育的广袤天地中，我们始终不懈探索，力求寻觅以更生动、有趣的方式，点燃孩子们学习兴趣的火种，培育他们的核心素养。《发现数学系列：跟着马老师学数学之一带一路》这套丛书，正是对创新教育理念与实践的积极探索。

本套丛书的主编及编写团队，集结了众多在基础教育领域长期深耕的专家、学者与优秀教师。其中，有像马芯兰老师这般，投身小学数学改革与实验长达五十余载的特级教师，她所创造的“马芯兰小学数学教学法”在教育领域影响深远，为推动小学数学教学改革提供了优秀的思想与经验；也有像吴正宪老师这样，始终扎根课堂，一心致力于推动中国小学数学教育创新与发展的领军人物。他们倾洒智慧与汗水，为这套丛书赋予了极为丰富的内涵与深厚的底蕴。

这套丛书的创意灵感，来源于情境主义教学理论，它大胆突破了传统教学中以学科内容学习为主线的固有模式。丛书精心打造了“一带一路”共建国家旅行的趣味情境，将数学知识巧妙融入其中。孩子们在跟随精彩故事畅游的过程中，既能轻松掌握数学知识，又能深入了解不同国家的地理位置、历史文化、民族风情，还能知晓中国与这些国家友好合作的动人故事。这种跨学科、跨文化的创新融合，为孩子们开启了一扇全新的学习之窗，带来前所未有的学习体验。

本书以一次充满惊喜与探索的埃及之旅为线索，将数学知识巧妙地融入旅行的每一个精彩瞬间。当你随着书中的主人公从北京出发，踏上飞往埃及的航班，就已经开启了一段奇妙的数学探索旅程。从飞机座位图中领悟数对的奥秘，在选择网络通信方式时运用数学思维去比较哪种更划算，数学的身影无处不在。

落地开罗，面对与国内存在的时差以及货币兑换，孩子们将在这些生活细节中发现数学的无处不在；在参观胡夫金字塔时，一把盒尺就能让孩子们运用数学方法巧算出金字塔的边长，感受古人智慧与数学原理的完美结合；而在埃及国家博物馆，分数、数轴等数学概念也会随着对古埃及文物和历史的了解而变得生动有趣。

沿着红海沿岸前行，在惊叹苏伊士运河的宏伟之余，通过与京杭大运河的对比，用数学计算出运河的价值和长度；树上的椰枣数量、埃及历法与尼罗河的关系，无一不蕴含着数学的奥秘；在卢克索和阿斯旺，从神庙中的圆柱体积到方尖碑的高度测量，从路程计算到不同大坝的比较，数学成为理解这些古老文明遗迹的有力工具。

在西部沙漠，关于防晒霜 SPF 值的思考、沙子与围棋变化数量的探讨，以及骆驼适应沙漠环境的特殊构造数据，都展示了数学在生活和自然科学中的广泛应用。在亚历山大，圆形剧场观众席面积的估测、亚历山大灯塔与船只入港时间的计算，让你领略到数学与艺术、历史的交融之美。

重返开罗，从尼罗河与面积的由来，到在汗·哈利利市场为家人挑选礼物时涉及的比例知识，数学贯穿了整个旅行的始终。

本书精心架构起一座独特的桥梁，一端串联着埃及令人心驰神往的迷人风光与源远流长的深厚文化，另一端通往丰富多彩的数学知识宝库，致力于彻底颠覆数学在人们心中枯燥乏味的刻板印象，让读者在轻松愉悦的氛围中亲近数学，真切体悟数学的实用性与趣味性。它宛如孩子们成长道路上熠熠生辉的启明星，照亮探索未知天地的漫漫征途，又似一把精巧钥匙，开启孩子们内心深处好奇心与求知欲的大门，培育他们立足全球的视野与深厚的人文底蕴，助力学生全面发展，为未来奠基。

与此同时，我们满怀憧憬，期待更多教育工作者、家长以及孩子们，能够将目光聚焦于此，踊跃投身到这场意义非凡的教育创新实践之中。让我们携手并肩、齐心协力，为培育出未来社会的中流砥柱贡献力量，共同铺就一条通往美好未来的金色大道，让孩子们在这条道路上茁壮成长，绽放出属于他们的璀璨光芒。

本套丛书的主编由李观政、马芯兰、吴正宪担任，孙佳威、刘东旭担任本书主编，王薏、林蕊馨担任本书副主编，赵丽娜、夏梦禹、王岩、穆健、高鹏、肖亮、李晨、朱厚颖、李岩、黄攀参与了本书的编写，刘阿劼担任本书主审。

此外还有许多老师对本书的编写提供了帮助，在此表示感谢。

编　者

2025 年 3 月

目　录

人物介绍

马老师是一位教学经验丰富的数学老师，她有爱心，喜欢和同学们聊天，而且热爱数学，热爱生活，热爱旅游。本书中，马老师将带领 4 位小朋友一起到神秘的埃及旅行，旅途中会发生什么有意思的事情呢？让我们一起跟随他们的脚步，探索埃及的奥秘吧！

瑶瑶是班里的数学课代表，因为喜欢钻研，热爱学习，同学们都叫她“学霸”。瑶瑶还是个热心肠，经常帮同学解决遇到的问题，大家都很喜欢她。

聪聪是个聪明可爱、乐于助人、功课优秀的小男生，是瑶瑶班上的班长。在旅途中，聪聪经常能够帮助大家协调各种问题，是个团队小领袖。

虎子是聪聪的好朋友，特别喜欢探险和旅行，虽然有时马马虎虎，但他活泼可爱，是大家的开心果。在整个旅行中，虎子和小伙伴们一起学习和进步着。

文文是个文静的小姑娘，和瑶瑶是很好的朋友。她做事认真仔细，为人踏实稳重，总能冷静地思考并帮助大家解决棘手的问题。马老师也很喜欢她。

哈里发是本次旅行的埃及导游，他了解埃及的历史、建筑、民俗等文化知识，热情周到的他在旅途中为孩子们讲解了不少有关埃及的知识，让孩子们大开眼界。

旅游中的数学
——走进埃及

终于盼到了暑假！之前的几个假期，马老师都会带着小朋友们去旅行，这次的旅行会去哪里呢？孩子们个个充满了好奇。

“马老师，马老师，这个假期我们去哪个国家呀？”

马老师神秘地说：“这次我们去的地方被人们称为‘一带一路’上的神秘古国。它一直以美丽的尼罗河、宏伟的金字塔、神秘的木乃伊和古代神庙吸引着旅游爱好者……”

没等马老师说完，瑶瑶和聪聪异口同声地说道：“我知道，我知道，是埃及！”虎子和文文也开心地一起欢呼着：“太棒了！还真是一个神秘的国家！”

“当然神秘了，之前我还在书本里看到过，埃及是举世闻名的四大文明古国之一，素有‘世界名胜古迹博物馆’之称。”瑶瑶激动地说道。

马老师赞许地点了点头，“说得真好！埃及的全称是阿拉伯埃及共和国，主要位于非洲东北部，地处欧亚非三大洲的交通要冲，还是大西洋与印度洋之间海上航线的捷径。”

“马老师，埃及有那么多的名胜古迹，那咱们这一趟都去哪呀？”聪聪迫不及待地问道。

“这次我们要去埃及的几个重要的地方。你们看，这就是咱们这一趟旅行的线路图，你们可以提前做做功课，看看有没有特别感兴趣的地方或是想了解的知识。”听了马老师的话，孩子们个个满怀期待，开始了旅行的准备。

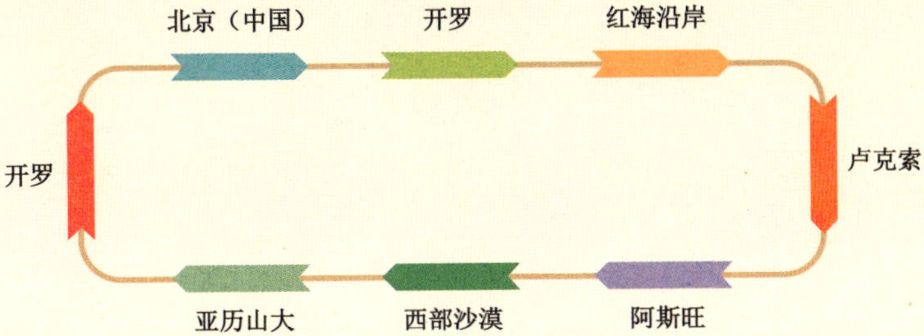

数说埃及

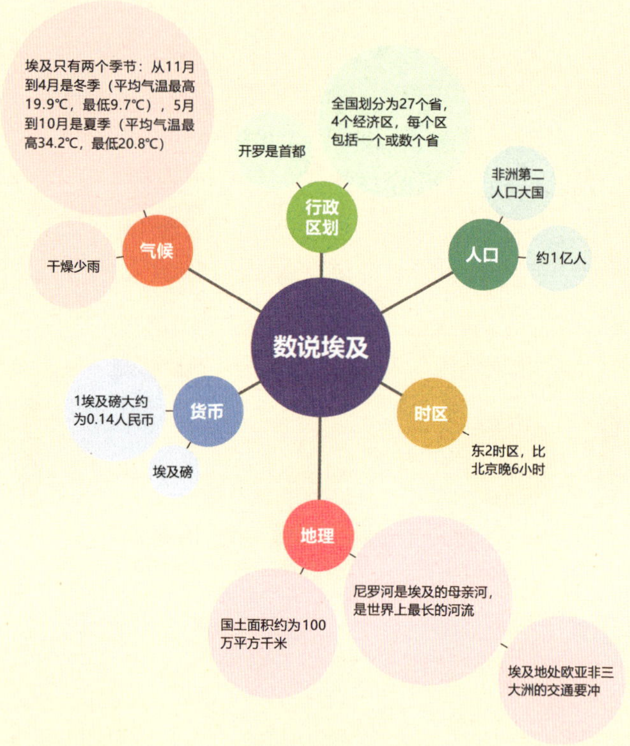

数说埃及
气候
埃及只有两个季节：从11月到4月是冬季（平均气温最高19.9℃，最低9.7℃），5月到10月是夏季（平均气温最高34.2℃，最低20.8℃）
干燥少雨
行政区划
开罗是首都
全国划分为27个省，4个经济区，每个区包括一个或数个省
人口
非洲第二人口大国
约1亿人
货币
1埃及镑大约为0.14人民币
埃及镑
时区
东2时区，比北京晚6小时
地理
国土面积约为100万平方千米
尼罗河是埃及的母亲河，是世界上最长的河流
埃及地处欧亚非三大洲的交通要冲

第一章

北京出发！目标——神秘的埃及

流量包值？电话卡值？还是移动 Wi-Fi 值？

出发前，四位小朋友确定了在埃及住几晚后，聪聪迫不及待地说道："之前我和爸爸妈妈出去旅游，都要提前买流量包的，咱们在埃及除了打电话向家人报平安，可能还要用手机上网查阅一些资料，流量包是肯定需要买的。"

"那就买呗，给通信公司打电话办理不就行了？"虎子从容不迫地说道。

一看虎子这样说，瑶瑶急忙说道："哪有你说得那么简单，不得多问几家比比价格吗？"

"这样吧，虎子负责打电话问问咱们这边的通信公司客服，看看费用是多少；我和文文上购物网站查一查，看看埃及当地有没有合适的电话卡；瑶瑶，你上网看看埃及的旅游攻略，看看有没有去过的游客推荐的电话卡。"聪聪做好了分工，大家便各自忙起了手里的工作。

“如果买电话卡的话，咱们 4 个人，大家觉得买几张合适呢？”瑶瑶边查边问大家。

“两张就够了吧，可以两人合用一个，还能省一些钱。”聪聪想了想说道。

“嗯嗯，没问题。”大家都赞许地点了点头。

哪个更划算？

“我们查得差不多了，大家把费用按两个人的算一算，一会咱们比较比较。”聪聪看了看表说道，“已经过去快半个小时了。”

“我的早就算完了。”虎子的电话一早就打完了，他看看这儿，看看那儿，一副信心满满的样子说道。

不一会儿，大家就坐到了一起，聪聪看着虎子说道：“看你查得这么快，你先说吧！”

虎子等了半天，终于到了可以汇报的时刻，兴奋地说道：“你们不知道，刚才我给通信公司的客服打电话，说想去埃及旅游，问他们有没有合适的套餐，你们猜怎么着？”

“什么意思？你快说吧，别吊大家胃口了！”瑶瑶急忙说道。

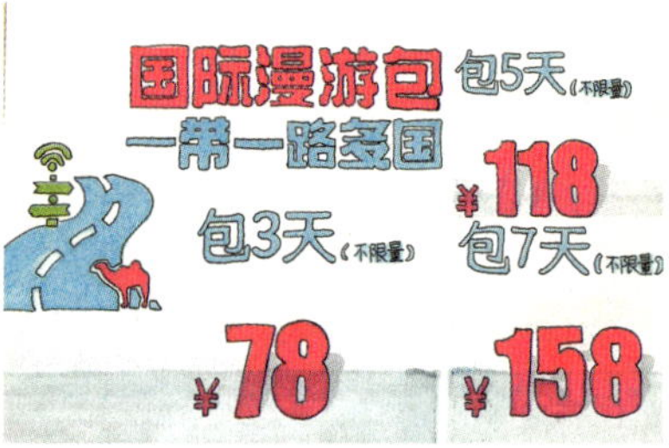

“客服说了，为了响应‘一带一路’倡议，通信公司推出了‘一带一路国际漫游包’产品，有三个选项：3天78元、5天118元、7天158元。”指着自己刚才列的算式说道，“要是10天的话我算了算，3天+7天=78+158=236(元)，2个5天是2×118=236(元)，费用都是一样的，那购买两份就是236×2=472(元)，怎么样，我算得没错吧？”

“没错是没错，就是好像比我们查到的要贵一些，除了流量费用，通话费是怎么算的？”

“这个套餐里不包含通话，客服说通话不论接听还是打出去，都是0.99元每分钟。”虎子回答道。

“哈哈，真有你的，问得还挺清楚的，先记下来，一会再比较。”听了聪聪的夸奖，虎子满意地点点头。

聪聪接着说道：“刚才我和文文一起去购物网站上查了查，还真发现了一种当地的电话卡，而且价格很便宜”，文文看轮到他说了，赶紧把记录的本子拿过来指给大家看，“埃及当地有一种电话卡，使用期限为 30 天，肯定够咱们用了，有不同的流量档位，我咨询了一下商家，商家的客服说如果去 10 天的话，大部分的顾客选的是 2.5GB 流量包，而且这 30 天费用中包含 50 分钟的通话时长，接听来自埃及和中国的电话都是免费的，90 元一张，2 张的话才 180 元，是不是很划算？”

“怎么可能这么便宜？会不会信号不好？”虎子满心疑惑地问道。

“我也怕信号不好，所以特意看了一下评价，之前买过的人说，在撒哈拉沙漠里都有信号呢，而且上网速度也很快，评价都说不错。”文文补充道。

“好吧好吧，瑶瑶，你查得怎么样？”虎子急切地问道。

“刚才我用手机上网搜了搜有关去埃及旅游的游记，有的文章中提到了可以使用当地的移动 Wi-Fi。”

“移动 Wi-Fi？是个什么东西？听着好高级的样子！”虎子好奇地问道。

瑶瑶边说边把图片拿给大家看，“就是像一个小盒子一样，带着它我们就能随时随地用它发出的 Wi-Fi 信号了，而且买一个就够了，盒子不大，可以随身携带，就是价格贵了点，35 元一天，按 10 天算的话要 350 元。”

“光比价格的话，咱们这边的流量包是 472 元，埃及当地的电话卡是 180 元，移动 Wi-Fi 是 350 元，还是埃及电话卡最便宜。那咱们就买两张埃及的电话卡？大家有什么想法吗？”聪聪拿着刚才做记录的本子和大家说着。

“其实虎子刚才查的流量包是最方便的，不需要换卡，省得让家里人再记新的电话号码了；移动 Wi-Fi 也很方便，咱们四个人都能随时用自己的手机上网。可是价格差得实在是有点多，如果没差多少钱的话，其实是可以考虑这两种方式的，所以我也同意买埃及电话卡。”瑶瑶思量着和大家说道。

文文和虎子听了瑶瑶的话，也跟着点了点头说道，“瑶瑶说得有道理，我们也同意！”

怎么少给钱了？

“那咱们说买就买，如果大家都没意见的话，我就直接从网上购买了，估计这两天就能到，而且是包邮的商品，不需要邮费。”聪聪说着便打开电脑准备购买。

“咱们算一下一个人多少钱，然后把费用给聪聪吧！”瑶瑶张罗着。

“180÷4=45（元），咱们一个人给聪聪 45 元就可以了！”文文算了算说道。

“不对不对，一人 45 元，咱们 3 个一共是 135 元，怎么少给钱了？”虎子一脸迷惑地问道。

“哈哈哈哈，你可太可爱了！刚才还夸你呢，你可真是迷糊了，聪聪就不花钱了吗？”瑶瑶捧腹大笑地说道。

“哈哈，我和你们开玩笑呢，就是想考考你们！”虎子捂着嘴不好意思地笑着说道。

“OK，买完了，过两天就到，到时候我给大家带着。看了半天的电脑，也该休息休息眼睛了，咱们去楼下小区里玩沙包吧？”聪聪提议道。

“太好了，走，我也看了半天手机了，出发！”瑶瑶说道。说着四个小朋友一起出了家门。

小试牛刀

四个小朋友的方案你都看明白了吗？你能把大家的方案整理出来写在下面的表中吗？

流量包方案

埃及电话卡方案

移动 Wi-Fi 方案

飞机座位图与有趣的数对

出发的日子终于到了，大家早早地来到了机场。看着穿梭来往的人群，文文感叹道："机场的人真多呀，每天都有这么多人要去往世界各地。"

听了文文的话后，瑶瑶迫不及待地补充道："我上网查了资料，北京首都国际机场是我国最繁忙的国际空港之一，被誉为中国的空中门户和对外交流的重要窗口。首都机场的年旅客吞吐量在 2018 年的时候就已经突破了 1 亿人次大关。"

聪聪听后不禁赞叹道："真是了不起啊！那我们的目的地开罗国际机场，作为埃及的主要国际机场，会不会也有这么多人呢？"

你知道吗？

开罗国际机场是埃及最繁忙的机场，是非洲仅次于南非的约翰内斯堡国际机场的第二繁忙的机场，是非洲、中东和欧洲之间重要的航空枢纽。埃及航空公司是世界上最重要的航空运营商之一。

有趣的数对

“大家把身份证拿出来，先去打登机牌吧！”马老师指着旁边的自助值机一体机打断了大家的话。“好嘞”，虎子拉着聪聪一个箭步就跑到了自助值机一体机前，对聪聪说：“请帮我选一个靠窗的座位。”

聪聪笑着说道：“没问题，我选一个挨着你的座位。”

拿着自己选好的登机牌，虎子问：“咱们到哪儿去等候呢？”

瑶瑶指着机票对虎子说：“你看看登机牌，上面都写着呢！”

虎子拿着登机牌看了半天说：“不知道啊，这上面看着怎么这么复杂呢？”

瑶瑶指着虎子票上的信息细致地解释道：“登机牌上包括姓名，航班号、出发地、目的地，以及登机口、登机时间，还有就是你的座位号。登机口就是咱们候机的地点。”

“哎呀，一张纸片原来包含这么多信息。登机口这里写的是C22，那咱们应该在C22登机口候机。”虎子皱着眉头说道。

“没错。”瑶瑶笑着说道。

在登机口休息区的座位上等了一会儿，登机时间就要到了，大家按照顺序检票登机。上了飞机，虎子立即找了一个靠窗的座位就要坐下，却被走在他后面的聪聪一把拉住，“虎子，这个不是咱们的座位。”

“你没给我选靠窗的座位吗？”虎子有些疑惑地问聪聪。

“是靠窗座位，但不是这个座位，要按照座位号来坐，你看看你的座位号是多少？”

虎子拿着登机牌认真地看了看，说道：“座位号 23A？可是，这是什么意思啊，我没看见座位上贴着号码啊？”

“咱们先找到座位坐下，我再给你讲。”虎子听话地点了点头。

找到座位坐下后，虎子拉着聪聪着急地说道：“聪聪，你快给我讲讲吧，要不下次我还不知道怎么找座位，多难堪啊！”

看着虎子急迫的样子，聪聪笑了，他耐心地解释道：“飞机上从前往后是 1、2、3……排，每一排从左到右为 A、C、D……，23A 就表示第 23 排左边第一个座位。我们可以通过标识找到自己的座位。”

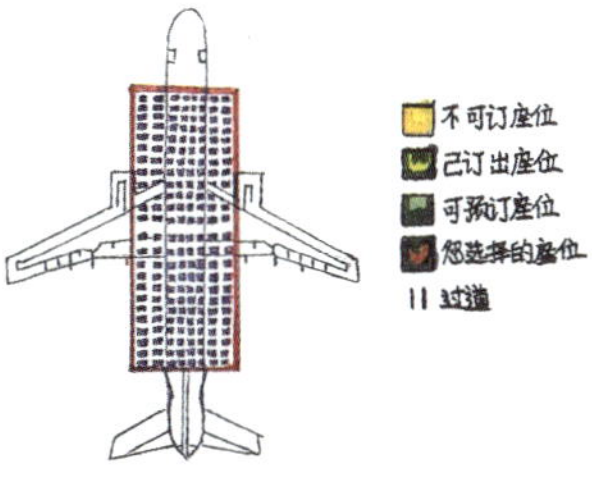

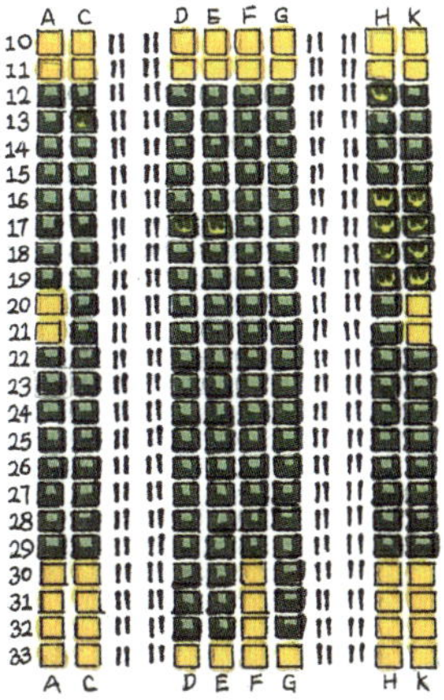

“我的座位号是 23A，那你一定是 23B，对不对？”虎子自信地说道。

“我是 23C。”聪聪回答道。

“怎么会，你别蒙我。”虎子有些疑惑。

“飞机横向座位分别用 A、B、C、D、E、F、G、H、J、K 表示。但是还有个特殊规定，A、K 统一为靠窗位置，C、D、G、H 统一为靠通道位置。这班飞机左边只有两个座位，因此就不存在标字母 B 的座位了。”聪聪解释道。

“原来是这样啊，聪聪你懂得真多，这下我明白了。”虎子羡慕地看着聪聪说道。

“这是以前坐飞机时爸爸给我讲的。”聪聪回答。

“聪聪，我觉得这样简单的一个数字和一个字母的组合就能确定我们的位置，真是神奇。”虎子感慨着。

看着虎子若有所思的样子，聪聪接着说道：“这是利用数字和字母的组合来确定位置，在数学上，还可以利用数对来确定位置。如果飞机上的座位从左往右不用字母表示，也可用 1、2、3……这样的数字来表示，那你的座位就可以用……”

“231（读作二十三、一）……”没等聪聪说完，虎子就抢着说道。

聪聪点点头说道："没错，但是因为横行与竖列都是数字，因此这两个数字间要用一个逗号隔开，即用数对（23，1）表示。"

数对的秘密

一直在通道对面听他俩谈话的马老师这时接过话来："聪聪说得不错，数学上可以用数对来表示物体的位置，数对中的两个数字分别代表行与列，行与列的交点就是这个物体的位置。但是数学上的数对与今天飞机上的座位号还是有点区别的，为了统一，在数学上用数对表示物体的位置时，规定应先说列，再说行，这种确定位置的方法，与我们初中要学习的平面直角坐标系的方法是一致的，任何一个数对，都对应着平面上的一个点，点与数对是一一对应的，用这样的方法表示物体的位置既简洁方便又清楚准确。"

虎子感慨地说道："小数对蕴含大秘密啊！"这句话逗得马老师和聪聪不由得笑了起来。

不知不觉中，飞机已经起飞了，大家坐在座位上一边欣赏着窗外蓝天白云的壮美，一边憧憬着埃及——这个充满神秘色彩的国度。

小试牛刀

根据文中的飞机座位图选择一个座位，并用数对表示。

酒店住几晚问题

在飞机上，虎子一直欣赏着窗外的美景，还时不时地发出赞叹：“连绵的白云，真美啊，咱们竟然在白云上面飞呢！像不像孙悟空，脚踏白云……”边说边做了个孙猴子的招牌动作，逗得边上的聪聪禁不住乐起来。

“聪聪，真想下了飞机先去看看金字塔，我特别想一睹它的真容！”虎子冲着聪聪说道。

“我也特别期待看看神秘的金字塔呢！可是我们今天没有时间了，到开罗机场时就已经下午五点多了，只能明天再去了。”聪聪回应道。

“我们计划在开罗玩几天啊？”虎子问。

“计划三天。”聪聪答道。

“玩三天，那我们也要订三晚的酒店哦！可别忘了！”一向对什么都不上心的虎子提醒着聪聪。

“我们要在开罗住四晚，已经联系当地导游预订好了。”聪聪回答道。

“玩三天，怎么要住四晚呢，你是不是算错了？”虎子疑惑地看着聪聪。

聪聪笑着说：“没有算错，我给你画个图你就明白了。”聪聪说着从包里拿出自己随身携带的笔记本和笔画了起来。

“如果用点表示住几晚，用基本线段表示玩的天数，我们今天到了开罗就要入住酒店，第一个点就表示第一晚，之后每玩一天都要对应一晚酒店，我们共在开罗玩三天，因此就有三晚和三天相对应，再加上开始的一晚，一共就要住四晚酒店。”聪聪边画图边给虎子讲着。

听了聪聪的讲解，虎子不住地点头，“我明白了，如果咱们是早上到的开罗，玩三天，就只需要住三晚酒店了，是这样吧？”

“哎呀，虎子，你的脑子转得很快嘛！”聪聪由衷地表扬虎子。

酒店住几晚就是植树问题

“你知道吗，这个问题其实就是植树问题。”聪聪一本正经地说。

“植树问题是怎么回事啊，快给我讲讲。”虎子有点迫不及待了。

“我先给你出一道题：一条路 20 米，每隔 4 米种一棵树（两端都种），一共可以种多少棵树？你先来解答一下这道题。”聪聪说道。

“20 米里面一共有 5 个 4 米，每个 4 米对应一棵树，就有 5 棵树，因此一共可以种 5 棵树。”虎子有理有据地解释。

聪聪点点头说道：“说得好，你知道用‘对应’来解释这个问题，不简单啊，的确是每个 4 米对应一棵树，但是这里还存在一个问题，就是两头都种，咱们再来画个图看看。”说着，聪聪又画起了图。

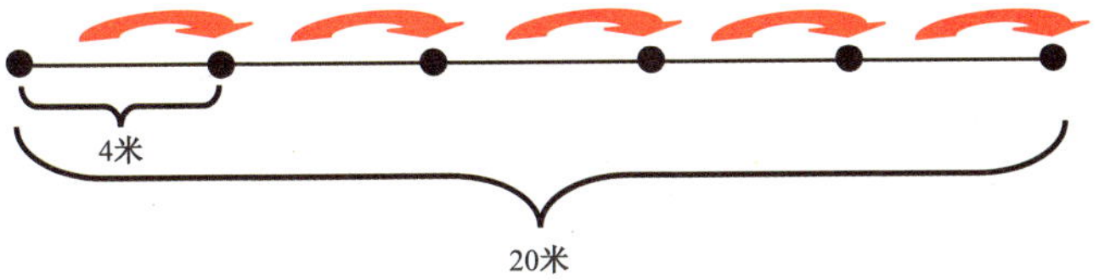

“看看图，你发现什么了？”聪聪问虎子。

虎子恍然大悟，拍了拍脑门说道：“哎呀，我忘了加上开始的这棵树了，应该是 6 棵树。画图真的挺好用啊，我以后解题时也要先画画图。”

聪聪认可地点了点头说道：“没错，画图是一种特别好的方法，他能让我们看得更直观。其实，植树问题除了两端都种，还包括一端种树、两端都不种的情况，如果数据不变，你想想这两种情况分别可以种多少棵树？”

看着图，虎子陷入了思考，不一会儿工夫，他就冲着聪聪笑着说：“我知道了，一端种树，每个 4 米和一棵树是一一对应的，不用再加或再减，就是 5 棵树。两端都不种时，有一个 4 米没有对应的树，因此要用 5 减去 1 等于 4，也就是种了 4 棵树。”

看着说得头头是道的虎子，聪聪不禁竖起了大拇指。

生活中的植树问题

听了他们的谈话，在通道另一侧坐着的马老师插进话来：“通过刚才的画图你们应该发现了，植树问题其实研究的就是一条线段上点数与段数之间的关系，这里面还有一定的规律。其实生活中有很多问题都可以利用植树问题来解决的。”

你知道吗？

植树问题

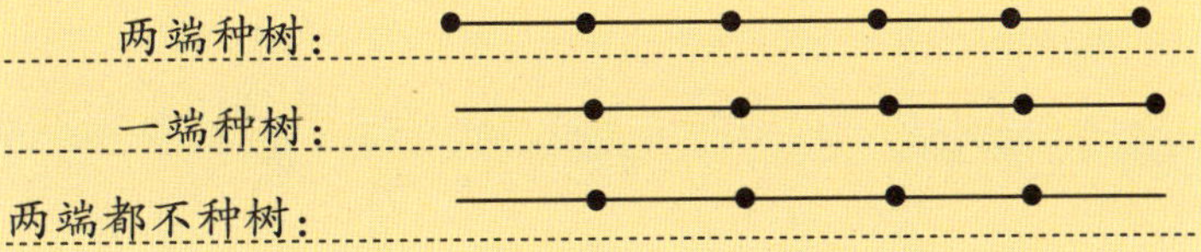

马老师刚说完，虎子就抢着说：“我知道，刚才的入住酒店问题就属于植树问题，属于两端都种树的问题。”马老师笑着点点头说：“没错，还有吗？”

“公路上安装的路灯、学校廊道里摆放的鲜花、游泳池中的泳道，这些是不是都属于植树问题？”虎子一口气地说了好几个。

马老师赞赏地说：“真不错，想到了这么多。”

聪聪接过话来：“上楼梯问题应该也是吧，还有锯木头问题。”

马老师说：“没错，生活中这样的问题真的是不少呢！

只要我们善于用数学的眼光观察生活，你就会发现，生活中处处有数学。”

这时，广播中传来乘务员阿姨甜美的声音：“我们的飞机马上就要到达目的地开罗……”大家一下子欢呼起来：“埃及，我们来了！”

小试牛刀

一个圆形湖的周长是 400 米，要在它的四周种树，每隔 20 米种一棵树，一共可以种多少棵树？

第二章

落地开罗！埃及，我们来了！

时差真是一件可怕的事情

经过 10 多个小时的长途飞行，马老师和四位同学平安抵达埃及首都——开罗，即将开启愉快的旅行。虎子迫不及待地翻着随身的背包。

聪聪好奇地问："虎子，你在找什么？"

"临行前，妈妈给我一张神秘的字条，说到达开罗后才能打开看。"虎子答道。

"神秘的字条？快给我看看。"聪聪瞪大眼睛说。

"找到了！"虎子兴奋地说。随即打开了字条。

北京	8	9	10
开罗	2	3	4

"这是什么？"虎子挠着头不解地自言自语道。

聪聪凑过来看了看说："看！北京这行是连续的自然数，开罗这行也是连续的自然数，到底表示什么意思呢？"

文文闻声也过来看着表格说："大家看，北京和开罗这两行上的数字之间都相差 6。”

“相差 6？”瑶瑶若有所思地重复着，“按照这样的规律，下面一组应该是 11、5，接下来是 12、6……”说着，瑶瑶拿出笔，在表格上补充着。

北京时间	8	9	10	11	12	13	14	15
开罗时间	2	3	4	5	6	7	8	9

“我明白了，这个神秘的字条上的数字表示的就是北京和开罗的时间关系。北京和开罗之间有6个小时的时差，这个表格就是时间的对照表。”瑶瑶十分肯定地说。

文文听瑶瑶这么一说，也补充到：“对，我来之前查过资料，北京和开罗处在不同的时区，两地之间在时间上相差 6 小时，这个表正好是时间的对比表，我来把它补充完整。”

说着，文文接过瑶瑶手中的笔，继续写着。

北京时间	0	1	2	3	4	5	6	7	8	9	10	11	12	13	14	15	16	17	18	19	20	21	22	23
开罗时间	18	19	20	21	22	23	0	1	2	3	4	5	6	7	8	9	10	11	12	13	14	15	16	17

聪聪看过之后说："有了这个表，我们就知道北京时间了，我们给北京的朋友打电话的时候可一定要看看这个表，否则就可能打扰他们了。"

虎子不解地说道："时差？时区？是什么意思？"

马老师微笑地拍了拍虎子的肩膀说："到宾馆后，马老师详细给你讲讲。"

你知道吗？

时区是指地球上的不同区域使用同一个时间标准来进行定义。1884 年，在华盛顿召开的国际经度会议上，为了有效克服全球时间上的混乱状况，规定将全球划分为 24 个时区。

在中国，采用首都北京所在地的东八区时间作为全国统一使用的时间。

时间都去哪了？

马老师和同学们被导游热情地接到宾馆。在宾馆的大厅里，马老师指着墙面说："大家看墙面上的几面钟，这是开罗时间下午 6 : 30 分，又指了指边上的一面钟说，这是北京时间 0 : 30，也就是说北京现在正是睡觉时间，而在开罗，只是到了吃晚饭的时间。”

“为什么会是这样? ”虎子迫不及待地问道。

马老师又领着大家来到大厅中摆放的地球仪前，说道:“大家看，这是地球仪，连接南北两极的线叫作经线。为了区分地球上的每一条经线，人们给经线标注了度数，

这就是经度。经度每 15 度划分 1 个时区。国际上规定，把通过英国首都伦敦格林尼治天文台原址的那一条经线定为 0° 经线。北京位于东经 116 度，处于东八区；开罗位于东经 31 度，处于东二区。我们来计算一下，两地经度差为 116 － 31 ＝ 85 度，

用 85 除以 15 约等于 6（四舍五入），所以北京和开罗相差 6 个时区，也就意味着北京和开罗的时间相差 6 个小时。”

虎子在一旁不解地问：“为什么会有时差啊？”

马老师转了转地球仪，找到北京的位置说：“大家看，地球自转的方向是自西向东的。”接着，马老师拿出手机，打开手电筒功能，“大家看，假如太阳在北京的正上方，说明北京时间正好是中午 12 点，而开罗的位置只是刚刚看到太阳升起，所以会有时间差，而这段时间差正好对应 6 个时区，所以北京和开罗之间相差 6 个小时。”

虎子挠挠头说：“我明白了，怪不得我们坐 10 多个小时飞机，下飞机时不是深夜而是下午。”马老师微笑地点头。

来到埃及要先休息

兴奋的虎子迫不及待地问导游哈里发叔叔：“哈里发叔叔，一会带我们去哪参观啊？我都迫不及待了！”

哈里发叔叔微笑地说：“一会儿我们先去吃点东西，然后就要马上休息了！”

“啊？我们不逛逛开罗的夜景吗？”聪聪好奇地问。

“大家刚才听马老师说了，北京和开罗有 6 小时的时差，按照北京时间，现在正是夜里睡觉的时间。我们得把时差倒过来，不然身体会有不适反应，这会影响未来几天咱们的游玩。所以，一会儿，我们就要着手倒时差，调整好身体状态，明天再带大家参观。” 哈里发叔叔跟聪聪解释道。

你知道吗？

倒时差是针对时差反应所采取的应对措施。当人跨越多个时区时，生物钟受干扰引发生理不适，主要症状包括疲劳、方向感减弱和失眠等。这些不适会使人难以适应，而倒时差的目的就是将因时区变化导致的生物钟紊乱调整回正常状态。

马老师也对大家说：“一会我们吃完饭后就要抓紧时间休息，调整身体状态，明天才有精神参观。”

“好的！”同学们高兴地答道。

小试牛刀

同学们，快查阅一些资料，算算你们在国外的朋友现在的时间是几点？

脑洞！拿商代钱币去购物

一天的行程结束了，刚一回到酒店，虎子就满身疲惫地叫道："累死了，渴死了，真想喝一瓶可乐，好好休息一下啊！"

"正好，咱们酒店边上就有超市，要不咱们去买点儿饮料吧。"瑶瑶提出的建议得到了孩子们的一致认可。

马老师也走过来殷切地嘱咐道："去吧，孩子们，旅行中的购物也充满着数学问题，你们可以边实践边研究。"

"耶！"在一阵欢呼声中，孩子们飞奔出了酒店。

酒店旁边就是一家小超市，里面的商品琳琅满目。虎子一跨进超市就跑到冰箱前拿了一瓶可乐。

"就知道喝可乐，来了埃及还不喝点有特色的！"

瑶瑶说。

“对对对！你们看这是什么饮料？”聪聪指着边上的一杯杯饮料。

文文赶紧查了查词典，说：“这是甘蔗汁！是非常有特色的埃及饮料！”

“我得来一杯尝一尝！”虎子拿起了一杯，跑到收银台用英语问多少钱一杯？

收银的是一位埃及老爷爷，他微笑着伸出了 7 根手指头。虎子掏出 10 元人民币放到收银台前，老爷爷摇头。

“虎子，这是埃及，得用埃及磅！你怎么拿人民币啊？”瑶瑶说。

“哦对对对！忘了。哎？7 埃及磅是多少人民币啊？”虎子问道。

你知道吗？

埃及镑是埃及的流通货币，埃及磅纸币的单位是埃及镑，辅币单位是皮阿斯特。埃及磅与人民币的汇率约是 1∶0.14。

埃及磅与人民币

聪聪接过话来，“1 埃及磅大约合 0.14 元人民币。也就是说 7 埃及磅大约相当于 7 个 0.14 元人民币，你换算时乘 0.14 就可以。”

聪聪接着说：“埃及磅与人民币的汇率约是 1 : 0.14，那么按照这个比例，7 埃及磅就是 7×0.14。”

“哦！这里还有比的知识啊？7×0.14 = 0.98 元，也就是这杯甘蔗汁是 0.98 元人民币一杯啊！可是……”虎子挠着头又问：“埃及磅和人民币为什么不是 1 : 1 呢？还得算，多麻烦啊！”

“这叫作汇率，虎子！”聪聪说，“汇率呀，就是一个国家的钱和另一个国家的钱的比率或者说比价，也可以说是用一个国家的钱来表示另一个国家钱的价格。影响钱的价值的因素有很多，黄金储备量是一个重要因素，通常情况下，一个国家的黄金储备越多，货币的价值往往相对越高。曾经非洲有国家还有面值 1 亿元的纸币呢，但是 1 亿元只能买一瓶矿泉水。人民币和埃及磅之间的货币价值不同，当然不能按 1 : 1 换算了！”

穿越到4000年前

孩子们买完甘蔗汁，一边喝一边聊天。

“原来钱币背后还有这么多有意思的学问呀！我发现刚才聪聪说纸币的价值和国家的黄金储备量有关，那我就有点好奇啦，既然纸币的价值和黄金储备量有联系，那为什么在日常生活中，我们不直接使用黄金来进行交易，而是使用纸币呢？”虎子又问。

瑶瑶说道：“你以为呢！黄金以前真当过货币，在古埃及，金银铜三种金属都充当过货币呢！而且在中国的商代，贝壳也被用作货币。”

“贝壳？那这住在海边的人不就发财了？”虎子笑着说。

“才不是呢！”文文说。

聪聪接着说：“中国商朝的都城位于今天的河南安阳一带，当时交通极为不便，大多数人根本到不了海边，贝壳就成了很珍稀、价值很高的东西。而且贝壳轻巧，便于携带。至于现在用纸币而不用黄金，也是因为纸币携带和交易起来都更方便！”

“哎？我有个想法！”虎子突然冒出一个鬼点子。

“要是当时商代的人跑到埃及做生意，带着贝壳过去，他能在埃及买什么啊？”虎子问。

“你这都是什么鬼主意啊，怎么可能呢？商代的人怎么会跑到埃及来呢！”瑶瑶说。

“咱们就是假设呗。”虎子嘿嘿地笑着。

大家都觉得虎子异想天开，纷纷摇头，而聪聪听了却眼睛一亮，觉得很有意思，他连忙说道：“我来说说吧，虎子的想法很有趣。我在书里看到，商代以贝壳作为货币，以朋为计算单位，五贝为一串，两串为一朋，一朋贝等于十贝组成。有记载说，当时有两个人，裘卫和矩伯，裘卫用值 80 朋贝的玉质瓶子换了矩伯的 10 块田，这样算下来，8 朋贝能买一块田。而同时期的古埃及，主要用德本（deben）和凯特（kite）作为货币单位，1 德本大约等于 91 克铜或金银。当时古埃及一头公牛的价格大约在 30 到 50 德本之间。不同地区的物品价值、供需情况差异巨大，这样简单对比肯定不准确，但要是按照虎子说的这种假设情况来看，当时中国的贝币和古埃及的货币在价值表现上确实有很大不同呢。”

“哈哈，太有意思了，我以后去海边一定要多捡点贝壳，这都是老祖宗的钱啊！”虎子说道。“哈哈哈哈……”孩子们在一片欢笑声中回到了酒店。

小试牛刀

一条埃及的丝巾售价 265 埃及镑，你知道换算成人民币是多少钱吗？不妨自己动手试一试。

第二章

暗藏玄机的胡夫金字塔

一把盒尺巧算胡夫金字塔

结束了一天的行程，同学们乘坐着大巴返回酒店。他们谈论着一天的所见所闻，想到第二天要参观金字塔，同学们都无比兴奋。回到酒店里，聪聪躺在床上一直回忆着马老师今天给他们提的问题：“金字塔是什么形状的？金字塔的占地面积是多少？” 想到金字塔这个人类历史上最伟大、最神奇的建筑，它让全世界都无比着迷。他拿出手机，连接上网络，边查边记，准备带着这些资料，到金字塔实地考察，验证自己查到的信息。

第二天早上，聪聪和虎子早早地起床，收拾好行装，带着记录本下楼吃早餐。这时，文文和瑶瑶早已到达了酒店的餐厅。

“文文、瑶瑶，早上好！”聪聪和虎子向她们打着招呼。

“嗨！早上好！”文文、瑶瑶答道。

“昨天马老师问咱们的问题你们有答案了吗？什么是

占地面积啊？”虎子不解地问道。

这一问倒是打开了瑶瑶的话匣子，“哎哟，这都不知道。你看手机！”

“哈哈，手机也可以查资料！”虎子挠挠头说。

这时马老师也来到了餐厅，孩子们呼啦一下围了上去：“马老师，早上好！”

马老师问：“孩子们，你们在讨论什么啊？”

“瑶瑶给我讲占地面积呢。”虎子接话道。

“马老师，您问我们的问题，我也查了一些资料。”聪聪边说边打开了记录本。

你知道吗？

对于建筑物而言，占地面积是指建筑物所占有或使用的土地水平投影面积，计算时通常按底层建筑面积来算。但在实际操作中，计算有特殊结构的建筑的占地面积，需依据规划和规范来确定方式。

“胡夫金字塔整体呈正四棱锥形，它一共有五个面。金字塔四周的四个面是完全相同的等腰三角形，底面是正方形，边长 230.3m，原始塔高 146.6m（现高约 137m），相当于四十多层楼高呢！

马老师笑道，“不错啊！你查的资料还真丰富。”从兴趣到自发地查阅资料、研究问题，这正是马老师所期盼的。

“金字塔的神奇之处，还远远不止咱们刚刚了解到的这些呢！那可真是一座充满奥秘与奇迹的伟大建筑，绝对值得一看！你们赶紧吃饭，然后我们就去吉萨省，亲眼瞧瞧那宏伟壮观、神秘莫测的真实金字塔！”马老师满脸赞叹，眼中闪烁着期待的光芒。

孩子们一听，眼睛瞬间亮了起来，脸上洋溢着抑制不住的兴奋，齐声欢呼道：“太好了！”

比出来的边长

一个半小时后，巨大的胡夫金字塔已经矗立在大巴车前。孩子们早就兴奋不已了，飞奔着跑向金字塔。

“走，咱们去测量一下金字塔的占地面积。”孩子们像欢乐的小兔子一般，奔向金字塔底部。

“等等，咱们只带了一把

盒尺，没有那么长的尺子啊？怎么测量底面的边长呢？”瑶瑶最先发现了问题。

“是啊，这可怎么办？”虎子也没了办法。

“没关系，我们可以先测量自己的步长，再用自己的步长乘上自己的步数，就可以测出金字塔的底面边长的近似值了。”瑶瑶提出了自己的办法。

“可每个人的步长不一致，而且每一次走也很难走得步长一样，测不准怎么办？”文文问道。

“马老师教过，咱们还可以利用一庹来进行测量！咱们可以测量出每个人一庹的长度。”

“然后把咱们 4 个人一庹的长度相加。测量时我们每个人都先两臂侧平举站好，站好后，前三个人依次以最后一个人为基准，从原来的位置跑到队伍后面，然后第四个人再跑到队伍的最后面重新排列好。按这样的方式可以比较准确地测量出来。”聪聪很得意地说着自己的办法。

“好主意，好主意！说干就干！”虎子这可来了精神。

聪聪的一庹长 152 厘米，虎子的一庹长 150 厘米，瑶瑶和文文的一庹长均为 145 厘米，所以四人一庹的总长度是 592 厘米。孩子们在金字塔下忙碌起来，他们沿着金字塔的一条底边进行测量。每一次测量，四人都紧密配合，两臂侧平举依次排列。经过多次尝试，他们一共测量了 39 次。

在第 39 次测量时，站在最后的文文的胳膊超出了金字塔底面边缘。虎子赶忙说道：“先别动！我用盒尺量量你超出的部分。”测量后发现，超出部分长度为 38 厘米。

前面完整测量了 38 次，而第 39 次测量时，聪聪的一庹是 152 厘米，虎子的一庹是 150 厘米，文文的一庹是 145 厘米，瑶瑶参与测量的部分长为 107 厘米。

“我来算！”

“哦，是 230.5 米！”

“哇，我们的测量结果和网上的资料一样耶！太有趣了！”虎子欢呼起来。

“快用计算器算一算金字塔的占地面积。”瑶瑶急切地说道。

“53130.25 平方米。”文文快速地计算出了结果。

聪聪张大嘴巴，惊讶地叫起来：“53130.25 平方米，这得相当于多少公顷啊？”

“1 公顷等于 10000 平方米，相当于 5.313025 公顷。”文文反应得最快。

“哇，一座金字塔的占地面积大致相当于八分之一的天安门广场啊！”

“可不是，而且差不多相当于 7.4 个标准足球场的面积呢！”

聪聪和孩子们兴奋极了，飞奔向马老师。马老师听了他们的方法和结论，竖起了拇指，称赞道：“能够把身体上的‘尺子’应用到实际当中，你们太棒了！”

小试牛刀

你知道四位同学是如何计算出金字塔底面面积的吗？不妨自己动手试一试。

谁找到的是巨石?

“虎子，昨晚你玩了很长时间的手机，玩的是什么游戏呢？快跟我说说。”聪聪边咬着面包边问一旁的虎子。

“谁玩游戏啦？今天咱们不是要来参观胡夫金字塔嘛，我是在查资料呢。” 虎子晃了晃手机屏幕。

“哇！真抱歉，错怪你了，快说说你查到什么有意思的资料了？”聪聪歉意地问道。

“我上网查到金字塔是用 230 万块巨石建成的，每块石头平均重达 2.5 吨，最重的一块达 50 吨。”虎子夸张地张开手臂比画。

瑶瑶在一旁惊讶地说：“这么大，古埃及人真了不起，在没有现代化设备的情况下，这么重的石头是怎么运上去的呢？我一定要找到最大的那块石头，和它拍张照片。”

马老师笑着说：“好主意，看你们几位同学中谁先找到那块最大的石头。”

"咱们赶快去找最大的石头吧！哈里发叔叔！"虎子迫不及待地催促着。

关于最大石头的争论

"你们知道吗？"哈里发叔叔说，"埃及金字塔其实是古埃及法老的大陵墓，是广泛被认为的世界八大建筑奇迹之一。埃及共发现金字塔 96 座，最大的胡夫金字塔呀——"他故意拖长声音，等孩子们都竖起耳朵才继续说："它高 146.59 米，底长 230 米，占地约 52000 平方米。石块之间没有任何黏着物，主要靠石块的精准切割和堆叠，相互叠压和咬合垒成。金字塔前还矗立着一座象征国王权力与尊严的狮身人面像……"哈里发叔叔边走边向同学们介绍着金字塔。

很快，他们便来到胡夫金字塔前寻找石头。

"真是太高大了！""古埃及人民真伟大！"同学们在金字塔前不由得发出感叹。

"同学们，咱们分头去找最大的石头怎么样？咱们比赛，看谁先找到！"聪聪提议。

"好的！"同学们回应。

说着，同学们分头边参观边寻找那块最大的石头。

不一会儿，聪聪呼唤大家，骄傲地说："我找到了，大家快来看！"大家闻声来到聪聪面前，聪聪指着面前一块巨大的石头说："大家看，这块大石头一定是最大的那块！"

文文也惊叹地说："真是太大了！"

虎子挠挠头说："我也发现一块巨石，咱们一起去看看！""好呀！"同学们答道。

说着，虎子把大家领到了他发现的巨石面前。

"虎子，你的肯定没我的大，你看，你这块明显没我那块长。"聪聪得意地说。

虎子不服气地说："别看我的这块没你的长，可我发现的这块比你的宽，而且比你的高，所以还是我的大。"

"我的比你的长那么多，肯定比你的大。"聪聪也不服气地反驳着。

"那咱们量量尺寸再看看。"文文提议道。

"怎么量？"虎子不解地问着。

"用身上的尺子量呀！"瑶瑶认真地说。

"好，分头量！"聪聪边说边跑到自己那块石头面前量了起来。文文和瑶瑶也分头帮忙。不一会儿，两组人分别量好了。

聪聪得意地说："我那块大石头长有 6 米，宽 1 米，高 1 米，你那块有多大啊？"

虎子不服气地说："我和瑶瑶一起量的，我们的石头长 3 米，宽 1.5 米，高 2 米，我的那块石头宽和高的尺寸都比你的大，所以我的那块才算得上是最大的石头。"

站在一旁的文文挠着头说："你们的数据中都有比对方大的，到底谁找到的石块算是巨石呀？"

体积——比较个头大小的尺子

马老师被同学们的争论吸引过来。虎子一把拉住马老师说："马老师，您给评评理，我和聪聪找到的石头哪个大？"

马老师笑着说："孩子们，刚才你们能主动用身上的尺子测量数据，还能用数学的视角思考问题，老师真为你们高兴！不过要比较谁的石块大，分别比较长、宽和高是没用的，要计算出它们的体积是多少。"

你知道吗？

物体所占空间的大小叫作体积。

长方体的体积=长×宽×高

圆柱的体积=圆周率×半径的平方×高

棱柱的体积=底面面积×高

常用的体积单位：立方厘米、立方分米、立方米。

"体积？怎么计算？"瑶瑶不解地问。

马老师不紧不慢地接着说："你们找的石头都是长方体的，长方体体积的计算公式是长×宽×高。"

虎子摸着头好奇地问："为什么？"

马老师接着说："你还记得咱们是怎么推导出长方形面积的吗？"

虎子自信满满地说："我记得，长方形的面积推导是在一个大长方形中用一些面积为1平方厘米的小正方形铺满，大长方形的面积正好等于它的长和宽方向上所含小正方形数量的乘积，从而得出长方形的面积计算公式是长×宽。"

马老师高兴地点点头，接着说："长方体体积计算的道理和长方形面积的推导差不多，都是拿标准的小单位去测量，棱长是 1 厘米的正方体，它的体积是 1 立方厘米，棱长是 1 分米的正方体，它的体积是 1 立方分米，棱长是 1 米的正方体，它的体积是 1 立方米。我们可以选择合适单位的立方体去测量。”

虎子一知半解地说：“怎么测量呀？”

瑶瑶兴奋地说：“我知道了！也像长方形那样，用棱长是 1 米的正方体沿着长、宽方向铺满，这样用长乘宽求出来的就是 1 层的面积，再沿着高摆起来，看看有多少层，再乘层数就能求出大石头的体积了，也就是长方体的体积等于长×宽×高。”

马老师听了瑶瑶的话，开心地点了点头。听到这里，聪聪和虎子马上开始算了起来。不一会儿，聪聪说：“我找到的石头的体积是 6 立方米。”

虎子在一旁得意地说：“我找到的石头的体积是 9 立方米，还是我找到的石头更大。”

马老师笑着说：“你这次找到的石头确实比聪聪找到的大，可金字塔里比你这块大的石头有很多。现在你们已经知道了怎样计算体积，看看你们谁能找到最大的石头！”

听马老师一说，同学们立刻来了精神，忙着跑到金字塔前去找那块最大的石头。

小试牛刀

同学们，你会计算长方体体积了吗？你能推导出正方体体积的计算公式吗？快认真思考吧，相信你！

法老的诅咒与顽强的微生物

马老师和同学们一起进入了胡夫金字塔内部，这里有一条通道直接通向法老墓室。钻进金字塔内部，就躲开了似火的太阳，孩子们感觉一下子凉快了许多。淘气的虎子又开始了他的恶作剧模式。

“文文，你听说过法老的诅咒吗？”虎子坏笑着。

“虎子，你别吓唬人了，我害怕！”文文胆子小，让虎子一说立马缩起了肩膀。

“文文，我可听说了，法老们下葬时，会立下诅咒。谁要是打扰了法老的安宁，灾难就会降临到谁的头上哦！”

“你别说了，讨厌！”文文都快被吓哭了。

瑶瑶一听不干了，“虎子，你别危言耸听了，根本就没有什么诅咒，都是骗人的。其实是古埃及人在法老下葬时会做的一些保护他们的亡灵的仪式，这些仪式里的一些文字和符号被现代人误解为‘诅咒’。其实，它们是为了帮助法老顺利过渡到死后世界，并不是真的要给打扰他们的人带来灾难哦！文文，你别害怕。”

“哎哎哎，瑶瑶，书上说好多进入金字塔的考古队的队员中，有的队员生病去世了，还有的队员看到了法老呢！”虎子接着说。

法老的诅咒与微生物

聪聪这时插话：“虎子你别瞎说了，考古队员所受到的诅咒其实就是微生物病菌，1999 年的时候，德国微生物学家克拉墨在木乃伊身上找到了细菌孢子！”

“包子？木乃伊也吃包子？”

“不是那个包子，是孢子！孢子是一种细胞体。它在木乃伊身上繁衍存活了几千年。木乃伊的墓室是一个封闭的空间，缺少阳光、氧气及水分。这种细菌孢子始终处于冬眠状态，活动量非常小。当墓室被打开后，氧气和水分进入了墓室，一下子激活了这些细菌。一些早期的考古活动可能没有采取足够的防护措施，导致个别队员确实因感

染而生病，这种个别事件被放大后就形成了误传。“

你知道吗？

细菌是生物的主要类群之一，也是所有生物中数量最多的一类，它是许多疾病的病原体，包括肺结核、炭疽病、鼠疫等疾病都是由细菌感染导致的。

细菌繁殖的数学问题

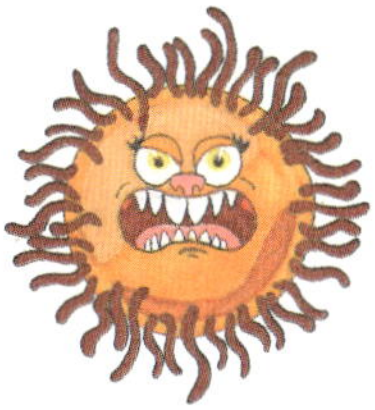

瑶瑶说：“虎子，让你多读书吧，别老这么迷信！切！文文现在不害怕了吧？”

“那现在金字塔里还有细菌吗？”文文还是有些担心。

聪聪解释道：“别担心啦！现在的金字塔里已经很安全了，那些危险的细菌早就被清理掉了。细菌是一种很小很小的生物，有些细菌怕热、怕消毒水，很容易被消灭，但也有一些细菌特别厉害，能在很恶劣的环境里活下来。细菌繁殖的方式很有趣，它们会一分为二，变成两个细菌，然后两个变四个，四个变八个，越来越多！假如有 100 个

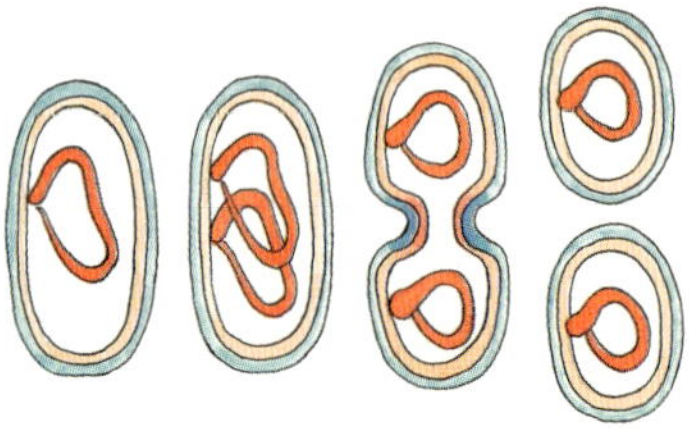

细菌，每30分钟繁殖一次，4 小时后你猜会有多少个细菌？”

“虎子，你算算！”瑶瑶兴奋地对虎子说。

虎子这下没了刚才吓唬人的威风，“400个？100×4？”虎子不好意思地说。

“这可不是简单的乘法，而是乘方计算。”聪聪笑着解释，“在环境适宜的时候，细菌每30分钟分裂一次，4小时就是8次。拿1个细菌来说，开始时是1个，30分钟后变成2个（2的1次方），1小时后变成4个（2的2次方），一个半小时后变成8个（2的3次方）。4小时后，1个细菌会变成2的8次方个，也就是256个。所以，100个细菌4小时后就会变成100×256=25600个！”

“这么多啊？”虎子惊讶地张大了嘴巴。

“这还只是理论值呢！”聪聪补充道，“有些细菌在营养充足、温度适宜的条件下，繁殖速度可能更快，甚至每20分钟就能分裂一次。你知道吗？虽然我们用肉眼看不到细菌，但它们的数量可多了，一平方厘米的地面上可能就有好几万个细菌！”

“啊？这么多！”虎子的眼睛瞪得圆圆的。

“没错！所以饭前便后一定要洗手，把细菌赶跑！”聪聪提醒道。

“快看，墓室到了，咱们赶紧去参观吧！”瑶瑶指着前面兴奋地说。孩子们讨论完顽强的微生物后，一路小跑奔向了参观地点！

小试牛刀

假设某种细菌每 20 分钟繁殖一代（数量翻倍），那么一个细菌经过 7 小时后，将会繁殖到第几代？此时细菌的总数是多少个？

第四章

埃及历史代言人，走进埃及国家博物馆

分数回家，纸草书

今天要去参观埃及国家博物馆，虎子一早起来就兴奋不已，因为终于可以见到传说中的木乃伊了。这个愿望他已经期盼了很久，马上就要实现了。聪聪看他一脸兴奋的样子，故意逗他："虎子，埃及国家博物馆可是当今世界闻名的大型博物馆之一，藏有埃及考古发现的最精华的部分，也是世界上最著名、规模最大的收藏古埃及文物的博物馆。这么大的一个博物馆，你知道木乃伊在哪吗？"

虎子一时有些蒙，着急地说："这个还真不知道，那怎么办啊？"

聪聪胸有成竹地说："别着急，我已经上网查阅过资料了，博物馆分上下两层，一层主要按照年代的顺序陈列文物，而最为珍贵的文物则存放于博物馆二层，依主题划区进行展出。木乃伊就在博物馆二层展出。"

聪聪一口气说了这么多，听得一旁的虎子吃惊地张大了嘴巴：“聪聪，你真行啊！”

聪聪笑着说：“一定要提前做好攻略，这样我们才能少走弯路，提高效率。”虎子钦佩地看着聪聪，说道：“我也要向你学习，以后出行之前一定做好充分准备。”

吃过早饭，哈里发叔叔带着大家来到了埃及国家博物馆。博物馆的大门是白色的拱形花岗岩石雕，文文对拱形门周围的浮雕产生了好奇，“这几个浮雕上的人是谁？手中拿着的是什么呢？”她转过头问导游哈里发叔叔。

“半圆拱形门上面的是古埃及神话体系中最重要的女神之一——伊西斯女神的头像；左边站立的是一位女神，她手持纸莎草；右边站立的女神手持莲花，抚于胸前。古埃及曾被分为上下埃及，莲花是上埃及的象征，纸莎草是下埃及的象征，这两种植物同时出现表示上下

埃及的统一，在埃及的许多神殿中也经常出现有这种寓意的石雕。”哈里发不紧不慢地解释着。

两本著名的数学纸草著作

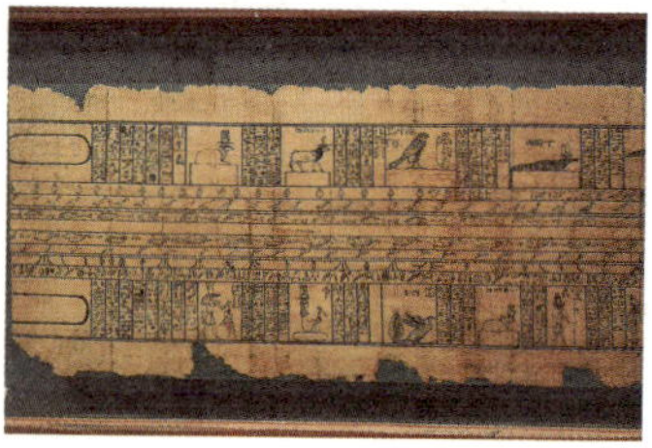

“纸莎草，我知道，它是生长在尼罗河三角洲的一种类似芦苇的莎草科植物，取其茎髓切成薄片，压干后连在一起制成纸莎草纸。大约公元前3000年，埃及人就开始使用纸莎草纸写字。”瑶瑶又开始了她的讲解：“我还知道有两部著名的纸草书数学著作，一部是《莫斯科纸草书》，另一部是《莱茵德纸草书》，这两部书记录着埃及灿烂的数学文化。”

你知道吗？

《莫斯科纸草书》成书于公元前 1850 年前后，是现存最古老的数学著作之一，共收录了 25 道数学问题及其解答，涉及算术、几何和代数等领域，其中包括计算正方形底边截头角锥体（截头金字塔）体积的公式，展现了古埃及人在几何学上的高超智慧。

《莱茵德纸草书》成书于公元前 1650 年前后，收录了 87 个数学问题及其解答，这些问题多与实际生活相关，如土地测量、财政支出、粮食分配等，反映了古埃及数学的实用性。

这时马老师接过话来说：“的确，从这两本数学著作可以看出，古埃及人在数学领域取得了很高的成就。他们很早就用十进制记数法，但当时不知道位值制的概念。因此，对于每一个较大的数字单位，他们都使用了专门的符号来表示。”说着，马老师打开自己的手机，找到了一张图片给大家看。

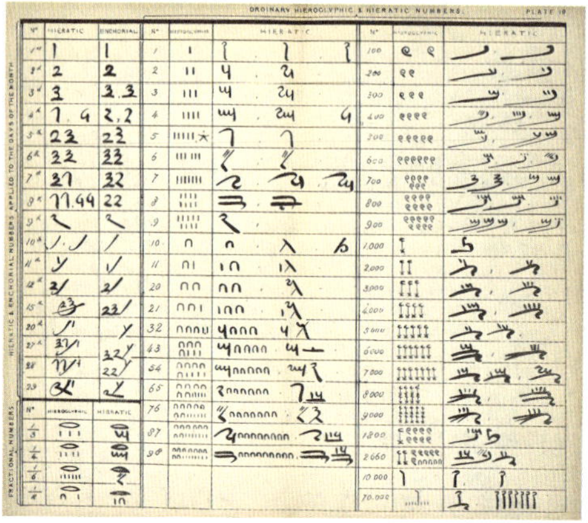

“比如 24，在古埃及是这样写的。”马老师边说边写着。

“哇，真复杂！”虎子感叹道。

“另外，古埃及很早就使用分数了，在分数发展的历史长河中占有重要的一席之地。有的古埃及分数问题已成为至今尚未解决的难题和猜想。”马老师接着说道。

你知道吗？

埃及分数

$\frac{1}{2}$　　$\frac{1}{8}$　　$\frac{1}{18}$

埃及分数

“你们知道吗？古埃及研究的分数跟我们现在研究的分数还有很多不同之处呢！”马老师神秘地说道。

虎子抢着说道：“我知道，它们在写法上不同。”

马老师笑着说道：“这只是其中之一，更重要的是古埃及只使用分子为 1 的分数，对于分子不为 1 的分数，则用几个分子为 1 而分母不同的分数之和来表示。这种分子为 1 的单位分数就被称为埃及分数。”

聪聪说道：“这样是不是太麻烦了！”

马老师点点头说：“聪聪说得没错，的确是很麻烦。比如，2 个面包要平均分给 3 个人，你们认为可以怎样分呢？”马老师问道。

文文说：“可以把每个面包都平均分成 3 份，一份是这个面包的 $\frac{1}{3}$，每个人得到这样的 2 份，就是 $\frac{2}{3}$ 个面包。”

瑶瑶说：“还可以把两个面包摞在一起，平均分成 3 份，每份就是这两个面包的 $\frac{1}{3}$，也就是 $\frac{2}{3}$ 个面包。”

马老师点点头说：“你们说得都对，但你们知道古埃及的人们是怎么解决这个问题的吗？”

“马老师，您快说说!”虎子有些迫不及待了。

“他们先把每个面包平均分成 2 份，每份是这个面包的$\frac{1}{2}$，这样就得到 4 个$\frac{1}{2}$，先给每人 1 个$\frac{1}{2}$，剩下的 1 个$\frac{1}{2}$再分成 3 等份，结果每人分到一个$\frac{1}{2}$再加上一个$\frac{1}{2}$的$\frac{1}{3}$，也就是$\frac{1}{2}+\frac{1}{6}=\frac{2}{3}$，他们用两个分子是 1 的不同单位分数表示$\frac{2}{3}$。”

虎子感慨地说:“古埃及人真是聪明啊!”

马老师接着说:“在著名的《莱茵德纸草书》中，古埃及人用了很大的篇幅来记录如何将一个真分数分解成几个埃及分数相加的方法，不过，古埃及人到底是怎么想到这些方法的，直到今天仍然是个谜。他们没有留下详细的解释，数学家们只能通过研究这些古老的纸草书来推测他们的思路。而且，如何将一个分数拆成最少的埃及分数之和，这个问题到现在也没有完全解决。所以，古埃及的数学不仅很厉害，还给我们留下了很多值得探索的谜题。”

“古埃及真是太神奇了!”瑶瑶不由自主地发出感慨。

马老师接着说道:“是呀，博物馆里还有更神奇的呢，咱们赶快进去吧!”

于是大家欢呼着跑向了入口。

小试牛刀

9 个面包要平均分给 10 个人，每个人可以分到多少面包？你能将结果拆分成分子是 1 的埃及分数的和吗？

木乃伊的年龄与数轴上的公元纪年法

走进埃及国家博物馆，马老师和同学们被一个个有着悠久历史的文物所吸引和震撼。他们来到二层西南角的木乃伊陈列室，这是埃及国家博物馆最吸引人的地方。里面安放有 20 余具古埃及历代法老及其后妃们的木乃伊。孩子们趴在玻璃罩前端详着一件件文物珍品。

导游哈里发叔叔认真地为孩子们讲解着："同学们，你们看。木乃伊是几千年前经过制作的干尸。在存放木乃伊的人形棺木的盖上和内部绘有死者的保护神或经文等。大家看这个，这是阿斯特姆卡布的彩色木棺棺盖，它高 205 厘米，眼睛、眉毛用珐琅镶嵌，给人雍容华贵之感。再看这边，埃及博物馆存放的木乃伊，有的已有 3500 多年的历史，但仍保存完好，甚至还可以清楚地看到头发

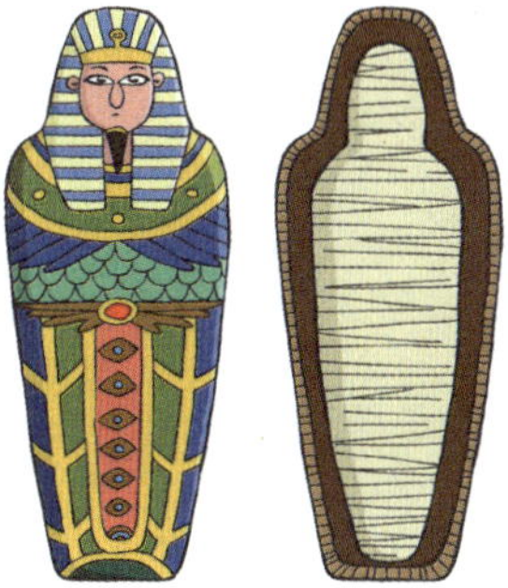

和脚指甲。其中保存最好的是新王国第十九王朝的拉美西斯二世（约公元前 1279 年至公元前 1213 年）的遗体。”

“公元前 1279 年到公元前 1213 年？这位法老活了多少岁啊？”听完讲解，虎子一下子糊涂了。“聪聪，你最聪明了，你给说说公元前是什么意思啊？木乃伊的年龄我怎么算不出来啊？”

有趣的公元纪年法

“你们知道我们现在用的年份是怎么来的吗？”聪聪得意地说，“我们用的这种年份叫公元纪年法。很久很久以前，人们为了方便记录时间，就选了一个特别的日子作为起点。人们把这一年记作‘公元1年’或者‘公元元年’。”

马老师补充说道：“这个公元纪年法就是我们常说的公历，原称格里高利历，有时也被称作阳历。公元的意思就是共同的开始，是从很久以前人们约定的一个时间点开始计算年份的。公元纪年法的制定和推广，为全球提供了一种统一的纪年方式。尽管其起源与宗教有关，但如今已成为一种被普遍接受的纪年系统，超越了宗教和文化的界限。它就像一把全世界通用的时间尺子，不管是研究历史、开展科学实验，还是我们日常生活里，大家都能用它来统一时间，这样交流起来就很方便啦。

你知道吗？

1949 年 9 月 27 日，中国人民政治协商会议第一届全体会议通过决议，决定新成立的中华人民共和国采用国际社会上大多数国家通用的公历（格里高利历）作为官方历法，并以公元作为纪年方式。这一决定标志着中国正式与国际通用的历法体系接轨，方便了国际交流，有利于社会发展。同时，中国也保留了传统的农历，用于指导农业生产和传统节日的庆祝。

公元纪年法与数轴

瑶瑶说：“聪聪，那你说说这位法老活了多少岁呢？”

“我也有疑问，我们的年龄计算方法都是用现在的这一年，减去出生的那一年。而法老的年龄这样减的话，就会是 1251–1317，这不就出现负数了吗？年龄怎么可能用负数表示呢？”文文也提出了问题。

年代尺

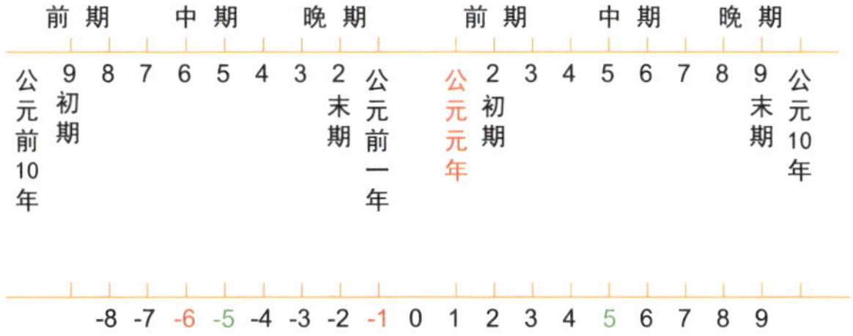

数轴

聪聪解释道：“咱们看啊，年龄的计算说到底其实还是时间的计算，也就是时间差的计算。但是公元前和公元后的计算方法有些不同。这还得从马老师教过咱们的数轴说起。在数轴上计算两个数之间的距离，是用右端的数减去左端的数。比如，–6 到–1 的距离是（–1）–（–6）=5，–5 到 5 的距离即 5–（–5）=10。现在，我们把年代比作数轴，将公元前的年代看作负数，将公元后的年代看作正数。公元元年就是 1，公元前一年就是–1，公元纪年法中没有公元 0 年”。

“如果我们把公元前和公元后的年份都放在数轴上，

其实就成了一个个数或者是一个个点。那么计算时间差时，其实就在计算两个点之间的距离有多远，数轴上的一个单位长度就是一年。所以计算公元前 1317 年到公元前 1251 年的年数，就是在计算数轴 0 左边的-1317 到-1251 之间的距离有多长。"

虎子边听边点头，"哦！我明白了，聪聪，其实就是不看负号，直接算 1317 到 1251 之间有多少个单位长度，对吗？"

"对！"聪聪得意地说道，"你理解得很对！"

没想到数轴里还藏着这样的秘密，孩子们带着收获又开始了新的旅程。

小试牛刀

根据同学们的对话，你能计算出拉美西斯二世活了多少岁吗？自己动手试一试吧！

第五章

红海沿岸，沙漠中的绿洲

连通欧亚非的苏伊士运河

今天的目的地是红海海滨的度假酒店。导游哈里发叔叔早早地来到酒店等候大家。路上需要6个多小时的车程，他提醒大家一方面注意休息，另一方面也要留意窗外的景色。车子出了开罗，走进一望无垠的沙漠。路况还好，路面虽然不是很平坦，但是车辆很少，远处不时有骆驼出现在大家的视线里。大家聊一会儿，休息一会儿，养精蓄锐，保持体力。不过，远处车窗外一大片的水面还是吸引了大家的注意。

苏伊士运河我们来了

“快来看，红海，红海！”虎子站起来，手舞足蹈。哈里发叔叔看了他一眼，没有说话。

“这是红海吗？没有这么快吧？红海怎么不红

呀？”文文小声嘟囔着。

这时哈里发叔叔憋不住了：“孩子们，那是苏伊士运河。”

马老师也笑眯眯地看着几个孩子。

“苏伊士运河？谁知道？快查查。”虎子大叫。

“不用查了，功课我已经做好了。”瑶瑶拿出手机，点开记事本，给大家介绍起来。

你知道吗？

苏伊士运河位于埃及东北部，北端连接地中海，南端连接红海，是沟通大西洋、印度洋和太平洋的重要航道，同时也是联结欧、亚、非三大洲的关键水道。运河全长约193千米，河面平均宽度为135米，平均水深为13米。苏伊士运河于1859年开凿，1869年正式竣工通航。它不仅成为亚洲与非洲的地理分界线之一，还因其显著缩短了东西方之间的航程而被誉为世界航运的重要枢纽。

还没等瑶瑶介绍完，虎子又插话了：“苏伊士运河我不太了解，但是我知道咱们国家的京杭大运河。”

聪聪说：“你知道京杭大运河有多长吗？”

京杭大运河有多长？

“这个，这个问题嘛，我还真是不知道，我只知道京杭大运河是从北京到杭州的。”虎子不好意思地挠着脑袋，笑着说道。

“虎子，你知道京杭大运河已经挺了不起了。”马老师向他竖起了拇指。虎子更加不好意思了，缠着聪聪要答案。

文文见状，笑着告诉虎子：“京杭大运河的长度是苏伊士运河的 9 倍多，你自己算算看吧。”

“9 倍多？就是 193 千米的 9 倍多。1 倍是 1 个 193，2 倍是 2 个 193，9 倍不就是 9 个 193 千米吗？”虎子一边说一边用手比画着，认真的样子把大家都逗乐了。

“你的想法非常好，那京杭大运河到底有多长呢？”马老师笑着问道。

“193 乘 9，口算起来数有些大，我得用纸和笔，或者用计算器。”虎子一边说着，一边赶紧去找手机了。

马老师微笑着说道：“不用计算器，有没有更巧妙的方法呢？”

文文举手说：“马老师，我可以估一估。把 193 看成

第一章
第二章
第三章
第四章
第五章
第六章
第七章
第八章
第九章
第十章

200，用 200×9=1800。京杭大运河的长度是苏伊士运河的 9 倍多，那京杭大运河大概就是 1800 千米吧？”

“我也有个好方法。”瑶瑶接着说，“计算 193×9，可以用 193×10，再减去 193×1，这样口算就可以算出来，1930−193=1737 千米。”

“还可以用 200×9，减去 7×9，也可以计算出结果，我觉得这样口算起来更简便。”瑶瑶和聪聪交流着。

马老师在旁边一直注意听着大家的讨论。她笑着说道：“孩子们，你们能够灵活地运用学过的知识解决问题，老师真为你们高兴。刚才你们运用了乘法分配律和估算的知识解决了京杭大运河的长度问题。京杭大运河全长 1792 千米，是世界上最长的运河。”

锦囊妙计

乘法分配律是乘法的三大定律之一，另外两个定律是乘法交换律和乘法结合律。

乘法分配律：两个数的和与一个数相乘，可以先把它们与这个数分别相乘，再相加。用字母表示为 $(a+b)\times c=a\times c+b\times c$。

苏伊士运河的价值

“我也查到了关于苏伊士运河的一些知识。”聪聪滔滔不绝地说起来。“100 多年前，马克思就称苏伊士运河为‘东方伟大的航道’。苏伊士运河建成后，大大缩短了从亚洲各港口到欧洲的航程，与绕道非洲好望角相比，从欧洲大西洋沿岸各国到印度洋缩短 5500～8000 千米；从地中海沿岸各国到印度洋缩短 8000～10000 千米；从黑海沿岸各国到印度洋，则缩短了 12000 千米。从英国的伦敦港和法国的马赛港到印度的孟买港，经苏伊士运河比绕好望角可分别缩短全航程的 43%和 56%。苏伊士运河是一条在国际航运中具有重要战略意义的国际海运航道，每年承担着全世界约 14%的海运贸易。”

“虎子，你知道什么是缩短了全航程的 43%和 56%吗？”聪聪问道。

“百分之四十三、百分之五十六是什么？文文，你知道吗？”虎子问道。

“是百分数吧？我听广播、看电视的时候听到过，但具体的意思我也不是很清楚。马老师，您给我们讲讲吧。”

文文看向马老师，等待她的解答。

你知道吗？

表示一个数是另一个数的百分之几的数，叫作百分数。百分数也被称为百分比或百分率。百分数是在分数的基础上产生的——以100为基数，用来更直观地表示比例关系。百分数的实质是表示一个数是另一个数的百分之几，它与求一个数是另一个数的几倍或几分之几的本质相同，都是用来表示两个数之间的倍数关系的。

红海

“马老师和孩子们，你们快来看，前面才是红海呢。刚才是司机师傅为了让大家了解一下苏伊士运河，特意绕了些路。”哈里发叔叔的一句话把大家从苏伊士运河的知识中拉回了车上。大家纷纷把掌声送给了司机师傅。这时，从车窗望去，路上的游客越来越多，三五成群地朝着同一个方向走去。醉人的蓝色海面一直延伸到天边，仿佛与天空融为一体。

“红海怎么不是红色的呢？”虎子的好奇心又冒了出来。

“是啊，为什么呢？”文文也附和道。

哈里发叔叔笑了笑，神秘地说：“等上船了，我再讲给你们听。”

大家听了，欢呼雀跃起来，恨不得马上投入红海的怀抱，感受那片迷人的蓝色海洋。

小试牛刀

在苏伊士运河尚未开凿的年代，从大西洋沿岸的国家前往印度洋，大约需要耗费多少时间？

树上的椰枣有多少？

傍晚时分，大家终于抵达了红海海滨的度假酒店。一天的游玩让每个人都感到有些疲惫。大家拖着行李，谁也没有说话，空气中弥漫着一种安静的倦意。马老师打破了这片沉寂，轻声说道："孩子们，都累了吧？你们向四周看一看，夕阳下的酒店风景多美呀！远处的红海就在眼前呢。"

这时，大家才开始环顾四周。干净、宽阔的路面上，三两个游客正悠闲地坐在路边的长椅上休息，还有几名游客刚从大巴上下来，忙碌地搬运行李。"椰子树！"虎子的一声大叫，瞬间吸引了所有人的注意力，大家的目光纷纷移向了酒店周边种植的树木。

"真是椰子树啊，好多棵呀！"大家也跟着兴奋地叫了起来。虎子更是顾不上行李箱，直接跑到树下，张开双臂"拥抱"起那棵树来。

正在为大家办理入住手续的哈里发叔叔听到动静，笑着解释道："这树很像你们在中国见过的椰子树吧？但它其实不是椰子树，而是椰枣树。"

"椰枣树？我听说过，我还吃过椰枣呢！"聪聪兴奋地说，"去年暑假，爸爸的朋友从埃及旅游回来，给我们带了一盒椰枣干，特别好吃。原来椰枣树长这个样子啊！"

哈里发叔叔点点头，略带遗憾地说："可惜现在是冬季，如果你们暑假来的话，就能看到满树的椰枣，那景象可真是壮观呢！"

椰枣：古老文明的营养之源

晚饭后，几个孩子聚在马老师的房间里聊天，话题自然而然地又转到了椰枣上。"瑶瑶，你上网查查，真的像哈里发叔叔说的那样，暑假时就能看到'壮观'的椰枣树吗？"文文好奇地问道。

瑶瑶迅速拿出手机，开始查找。没过多久，她惊呼了一声："快来看，这就是长满椰枣的图片！"大家立刻围了过去，只见屏幕上显示着一棵高大的椰枣树，枝头挂满了深橙黄色的椰枣，密密麻麻，仿佛一串串宝石般耀眼。

聪聪看着图片，忍不住说道："还真像我在三亚看到的椰子树呀，只是果实不是椰子，而是枣儿。"

瑶瑶则认真地读着图片下的文字，给大家介绍起来："埃及的椰枣树，乍一看，与国内看到的椰子树并无两样，修长挺拔的树干，常年葱绿的枝叶。其实，它是棕榈的一个种类。在埃及沙漠里看到的棕榈，已不单纯是棕榈了，而是能结出品种不一、颜色各异、累累硕果的果树。一串串硕大的椰枣，勾人食欲、惹人心醉。奇妙之处在于，椰枣树能在沙漠中生根，郁郁葱葱，茁壮成长，构成了沙漠世界的独特景观。"

大家听得入神，仿佛眼前已经浮现出那片沙漠中的绿洲，椰枣树在阳光下摇曳生姿，果实累累，散发着诱人的光芒。

你知道吗？

椰枣从远古至今，已经成为许多地区的人们赖以生存的重要食品，甚至被称为“沙漠面包”。人们不仅将椰枣作为日常主食，还将其视为一种文化和传统的象征。营养学家的研究表明，椰枣富含人体所需的大部分营养，包括7种以上维生素，以及丰富的矿物质和纤维素，是一种天然的健康食品。

椰枣产量知多少

“这么大的一棵椰枣树，能结多少枚椰枣呢？”文文自言自语地说道。

“是啊，咱们猜猜一棵椰枣树的产量究竟有多少呢？”瑶瑶提出了问题。

“一棵椰枣树上结这么多椰枣，真是不可思议啊，怎么数得过来呢？”虎子嘟囔着，挠了挠头。

“真是太‘神奇’、太‘壮观’、太难以想象了。”文文感叹道。

“所以才需要咱们大胆地猜一猜呀。”瑶瑶眨着眼睛，看着大家，脸上带着一丝调皮的笑容。

“真的不好猜，没有实物，也没有参照物，要是暑假来就好了，我们就可以分工合作去数一数了。聪聪，你说现在怎么办？”文文把问题抛给了聪聪。

聪聪想了想，说道：“我们学过，两枚常见的曲别针的重量大约是1克。如果让我们亲自掂一掂，大概能估出一枚椰枣的重量，然后再去数一数一串有多少枚，就可以推断出一棵树的产量了。”

文文点点头，但又有些无奈地说：“你说的是个好办法，可是现在没有椰枣呀。”

“刚才我上网查到现在可以买到椰枣干，一会儿咱们去酒店的超市找一找。”瑶瑶提议道。于是，大家兴致勃勃地去了超市，果然找到了椰枣干。他们一边品尝着椰枣干的味道，一边用手掂了掂重量。为了更加精确，他们还询问了超市的工作人员，了解到一枚新鲜的椰枣大约有五六克重。

“那一串儿椰枣有多少枚呢？实在是太多了，真的不好数，我的眼睛都要数出眼泪来了，不数了，不数了。”虎子揉了揉眼睛，有些泄气地说道。

聪聪笑了笑，安慰道："我们可以估算呀。来，估一估吧。"大家又凑在一起，对着图片比画着、讨论着，试图用他们的智慧和想象力，揭开椰枣树产量的神秘面纱。

坐在一旁始终没有说话的马老师，这时站起来活动了一下腰，笑眯眯地说："按照你们说的方法，确实可以推算出一棵椰枣树的产量。不过，你们是不是还可以换个角度思考问题呢？"

你知道吗？

椰枣的果实为浆果，形状呈长圆形或长圆状椭圆形，外观类似枣子，长度在3.5～7厘米，成熟时呈现深橙黄色，果肉肥厚。一颗饱满的椰枣大约重五六克。10颗椰枣的重量相当于一个鸡蛋的重量。100颗椰枣相当于一袋食盐的重量。1000颗椰枣呢？更多的呢？一棵旺盛期的雌椰枣树，一季可产上百千克的椰枣。你们想想，这该有多少枚椰枣呢？

"天哪，真的不可思议啊。"虎子又开始重复着这几个字，脸上写满了遗憾，“来得不是时候啊。如果暑假过来，就可以看到满树的椰枣，体会那种‘壮观’的景象了。”

聪聪拍了拍虎子的肩膀，安慰道：“以后我们肯定有机会的。下次我们可以计划在暑假来，亲眼看看椰枣挂满枝头的盛景。”

大家听了，都会心地笑了。虽然这次没能看到满树的椰枣，但他们的心中已经种下了对未来的期待。或许下一次，他们真的能站在椰枣树下，感受那份自然的馈赠与丰收的喜悦。

小试牛刀

下面是椰枣的营养成分统计表，你能提出几个数学问题并解答吗？

椰枣的营养成分

营养素	含量（每 100 克）
碳水化合物	75.80 克
蛋白质	2.50 克
脂肪	0.40 克
纤维素	3.90 克
热量	282.00 卡路里

埃及历法与“淘气”的尼罗河

晚饭后，孩子们意犹未尽，相约在酒店的大厅，和马老师聊着白天的见闻。

文文兴奋地说：“听哈里发叔叔介绍，红海是世界上盐度最高的海，海洋生物也与众不同，而且在某些季节，海水中还会出现大量的红色藻类。”

“所以叫红海呀。我查了资料，终于解决了我的疑问。”虎子迫不及待地插话道。

聪聪笑了笑，补充说：“红海还有很多神奇的地方呢，比如它的海底地貌和丰富的珊瑚礁生态系统。回去后你可以继续了解，一定会发现更多有趣的知识。”

大家你一言我一语，分享着对红海的惊叹与好奇，仿佛白天的旅程还在继续，而红海的神秘面纱正一点点被揭开。

埃及的母亲河

“啊？哇哦！”虎子又大叫起来。

原来瑶瑶正在看电影，他凑过去发出了怪叫。

“嘘，小声点儿。”文文提醒道。

“瑶瑶，你在看什么？”大家都好奇地凑了过去。

“《尼罗河上的惨案》。”瑶瑶回答道。

“这是一部老电影了，不过很好看，充满了悬疑和推理。来之前我已经看过了。”文文说。

瑶瑶点点头说：“我也看了大部分，只是差了个结尾。”

过了一会儿，电影看完了，大家的话题自然而然地转到了尼罗河上。

马老师笑着说：“文文，你做了功课，你来说说吧。”

“好的。”文文慢条斯理地介绍起来，“尼罗河是一条流经非洲东部与北部的河流，自南向北注入地中海。全长6670多千米，是非洲第一长河，也是世界上最长的河流之一。尼罗河由南到北纵贯埃及全境。如果没有尼罗河，就没有埃及，尼罗河是埃及的母亲河。”

“黄河是中国的母亲河。”聪聪补充道。

“我听说尼罗河总是发大水。”虎子又忍不住插嘴。

聪聪看了虎子一眼，纠正道：“那是泛滥。”

“泛滥不就是发大水吗？”虎子不服气地反问。

大家都被虎子的话逗笑了，房间里充满了轻松愉快的气氛。

你知道吗？

每年的6月到10月，尼罗河进入汛期，河水泛滥，淹没农田。这一自然现象形成了尼罗河下游面积达2.4万平方千米的尼罗河三角洲。90%以上的埃及人口分布在尼罗河沿岸平原和三角洲地区。当河水退去后，留下的淤泥使土地变得异常肥沃，为农作物的生长提供了丰富的养分。人们重新丈量和划定田块，准备播种，依赖这片肥沃的土地繁衍生息。

“原来尼罗河发大水对埃及人民来说还是件好事啊。”虎子恍然大悟，眼睛亮了起来。

马老师点点头，微笑着解释道：“没错，尼罗河的泛滥虽然是一种灾难，但同时，对古埃及人来说也是生命的源泉。每年夏季，尼罗河的水位上涨，河水带来的肥沃淤泥沉积在两岸，为农田提供了丰富的养分，使得农作物能够茁壮成长。正是因为这种周期性的泛滥，古埃及才成为了‘尼罗河的赠礼’，孕育出了辉煌的文明。”

“哇，原来是这样！”虎子感叹道，“难怪尼罗河被称为埃及的母亲河，它不仅是水源，还孕育了肥沃的土地。”

聪聪也补充道：“而且，古埃及人还根据尼罗河的泛滥周期制订了最早的历法，用来指导农业生产。可以说，尼罗河的泛滥是他们生活的核心。”

大家听了纷纷点头，对尼罗河的重要性有了更深的理解。

神奇的太阳历

马老师说：“尼罗河不仅是埃及的生命之河，更是古埃及文明的摇篮。在古埃及人看来，尼罗河与太阳二者共同被视为创造整个世界的关键要素，这个世界涵盖了阴阳两界及世间万物。”

“马老师，您说的是太阳历吧？”瑶瑶问。

“是啊。”马老师点点头，接着说，“古埃及人创造了人类历史上最早的太阳历。太阳历用于计算尼罗河的涨落期，它根据尼罗河水的涨落规律，将一年分成 12 个月，一共 365 天。这种纪年非常精确，所测算的 1 年只比现行的公历少了 0.2422 天，约 1/4 天。"

瑶瑶补充道："考古研究表明，早在公元前 4000 年，古埃及人就已经把一年确定为 365 天。各种历法的基础就是确定一年由哪一天开始。在约公元前 3100 年—公元前 2200 年，古埃及人观察到当尼罗河开始泛滥时，天狼星正好在清晨出现在埃及的地平线上，也就是与太阳同时升起（天文学上称为偕日升），于是这一天被定为一年的第一天。"

马老师赞许地点点头："没错，古埃及人通过观察天象和尼罗河的涨落，不仅创造了太阳历，还推动了农业、天文学和数学的发展。他们的智慧让我们至今都感到惊叹。"

你知道吗？

古埃及人的计算结果与今天的天文学计算结果几乎一致：他们以 365 天为一年，比实际一回归年（365.2422 天）少了 0.2422 天。这意味着，每经过 120 年，他们的历法会与实际天象相差约 29.064 天；而经过 1460 年，历法会与实际相差约 354.012 天（1460 年×0.2422 天/年），接近但不完全等于 365 天。通过这种精确的计算，古埃及人确定了一年的天数，并通过长期观测天狼星的偕日升来调整历法的误差。

同时，古埃及人规定一年为 12 个月，每月 30 天，年终再加上五天宗教节日，从而形成了完整的太阳历。这种历法不仅帮助古埃及人准确预测尼罗河的泛滥周期，指导农业生产，还为后世的天文学和历法发展奠定了基础。古埃及人的智慧与对自然的深刻观察，至今仍令人叹服。

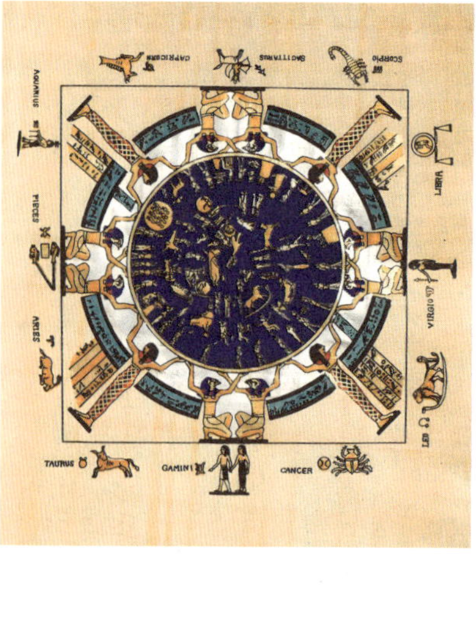

“古埃及人民真是太有智慧了！”大家发出了由衷的感叹，眼中满是敬佩。

马老师微笑着点点头，继续说道：“是的，古埃及的太阳历不仅在当时发挥了重要作用，还对后世产生了深远的影响。后来，这种历法传入欧洲，经过罗马统帅尤利乌斯·恺撒和教皇格利哥里十三世的改进与调整，最终演变成了今天世界上通用的公历。”

她顿了顿，又补充道：“可以说，我们今天使用的公历，其根源可以追溯到古埃及人对尼罗河水位变化和天象的观察与计算。古埃及人的智慧，不仅照亮了他们所处的时代，也为我们今天的生活提供了重要的参考。”

大家听了，纷纷点头，心中对古埃及文明的敬意更深了一层。虎子感叹道：“原来我们用的日历还有这么悠久的历史啊！”房间里充满了对古老智慧的赞叹与思考。

锦囊妙计

我们居住的地球总是绕着太阳转，地球绕太阳转一周需要365天5小时48分45.5秒，这被称为一个回归年。为了方便计算，人们将一年定为365天，这样的年份叫作平年。然而，每年多出的5小时48分45.5秒会在四年后累积成大约一天的时间。为了弥补这个差距，每四年会多加一天，加在2月里，这一年就有366天，叫作闰年。

不过，闰年的规则并不是简单的“每四年一闰”。公历年份是4的倍数的年份通常是闰年；但如果公历年份是整百年（如 1900 年、2000 年），则必须是 400 的倍数才是闰年。这就是所谓的“四年一闰，百年不闰，四百年又闰”的规则。

瑶瑶兴奋地说：“我在查阅资料的过程中还了解到，古埃及人根据农作物的生产和尼罗河水位的情况，将一年分成三个季节：泛滥季、播种季和收获季。第一年 6 月到 9 月是河水上涨的泛滥季，尼罗河的洪水带来肥沃的淤泥；10 月到第二年 1 月是播种季，河水退回到原来的河床，农民在肥沃的土地上耕种；第二年 2 月到 5 月是收获季，农作物成熟，人们开始收割。”

文文听了，点点头说：“现在我们是一年四季啊，春、夏、秋、冬，和古埃及的季节划分不太一样。”

大家被这个话题吸引，纷纷开始查找资料，对尼罗河的故事产生了浓厚的兴趣。

马老师笑着说：“古埃及的季节划分与他们的农业生产和尼罗河的泛滥周期密切相关，而我们现在的一年四季则是根据地球的公转和气候的变化来划分的。不同的地理环境和文化背景，造就了不同的历法和季节观念。”

聪聪补充道："其实，无论是古埃及的三季划分，还是我们现在的四季划分，都是人类对自然规律的观察和总结。这体现了人类智慧的传承与发展。"

大家听了，纷纷点头。虎子感叹道："原来季节的划分还有这么多学问啊！"房间里充满了对知识的渴望与探索的热情。

小试牛刀

有关年、月、日的知识，你还了解哪些？自己梳理梳理吧。

第六章

尼罗河畔的千年文明之光——卢克索

卡尔纳克神庙中的圆柱

休息了一晚，孩子们早早起床，满怀期待地准备前往下一个景点。如果说金字塔是人类文明史上的奇迹，那么在这个古老的文明古国，还有多少值得世人探寻的奇迹呢？孩子们吃过早餐，收拾好行装，来到酒店大堂。

马老师早已在这里等候大家。“孩子们，昨晚休息得好吗？”马老师关切地问道。

调皮的虎子抢先开了腔：“马老师，我们休息得挺好的，我还做了一个梦呢，梦见穿越到古埃及，看见了法老。”

文文也点了点头，笑着说：“挺好的。”

“马老师，今天咱们去哪儿啊？”聪聪迫不及待地问道。

马老师看了看孩子们，笑着说：“今天我们去卡尔纳克神庙。”

这时，导游哈里发叔叔乘坐的大巴车已经来到了酒店门口。他下了车，热情洋溢地与大家打招呼，并引导马老师和孩子们上车。

“到埃及旅游，除了要看金字塔，还有一个必须去的地方，那就是卢克索的卡尔纳克神庙。就像到北京，一定要登上万里长城，才能亲身感悟到文明古国的当之无愧和荣光。”哈里发叔叔热情地介绍着。

此时，瑶瑶拿出手机，连接上网络，开始查询起来。卡尔纳克神庙究竟是个什么样的地方呢？她的手指在屏幕上飞快滑动，眼中充满了好奇与期待。

第一章
第二章
第三章
第四章
第五章
第六章
第七章
第八章
第九章
第十章

你知道吗？

始建于3900多年前的卡尔纳克神庙，位于埃及卢克索北部，是古埃及帝国遗留的一座气势恢宏的神庙。这座神庙不仅是古埃及建筑艺术的巅峰之作，更是古埃及宗教与政治生活的中心。这座神庙内古迹众多，有大小20余座神殿，其中最负盛名的当属由134根巨大石柱组成的多柱厅。这些石柱极为壮观，最高的石柱高达21米，柱顶宽敞，可容纳上百人站立，堪称古代建筑的奇迹。134根巨型石柱，也成为了卡尔纳克神庙令人震撼的标志性景观之一。卡尔纳克神庙是埃及中王国时期及新王国时期首都底比斯的组成部分，也是太阳神阿蒙神的崇拜中心。作为古埃及最大的神庙，它不仅是宗教活动的核心，还见证了古埃及帝国的辉煌与繁荣。

经过一路颠簸，宏伟而壮观的卡尔纳克神庙终于出现在大家面前。这座用巨大石柱支撑的神庙，让每个人都感受到了无比的震撼！站在它面前，仿佛时间静止了，每个人都顿时感受到了自己的渺小。

随着导游哈里发叔叔的引导，马老师带着孩子们穿过著名的"公羊大道"，来到了位于第二塔门的多柱大厅。眼前，一排排整齐的巨型石柱巍然矗立，仿佛在诉说着古埃及的辉煌与神秘。

"哦！这就是传说中的石柱啊！"虎子瞪大了眼睛，忍不住惊叹道。

"这些石柱真的好高啊，上面还刻满了浮雕和象形文字！"文文指着石柱上的图案，兴奋地说道。

瑶瑶拿出手机，一边拍照一边感叹："这些石柱的规模真是让人难以置信，古埃及人是怎么建造出来的呢？"

马老师微笑着解释道："这些石柱不仅是建筑物的支撑，更是古埃及人对太阳神阿蒙神的崇拜象征。每一根石柱都经过精心雕刻，记录了古埃及的历史、宗教仪式和法老的功绩。"

孩子们仰望着这些高耸入云的石柱，心中充满了对古埃及文明的敬畏与好奇。卡尔纳克神庙的宏伟与神秘，仿佛将他们带回了那个辉煌的古老时代。

围出来的体积

导游哈里发叔叔介绍道："在大厅里有高高大大的134根巨型石柱，分16行排列，中央两排的特别粗大，每根高达21米，直径为3.57米，上面承托着长9.21米、重达65吨的大梁。其他柱子的直径为2.74米，高12.8米。在柱顶的柱帽处，可以安稳地站立近百人，其建筑尺寸之大，实属罕见。"

随着哈里发叔叔的讲解，孩子们不禁发出了赞叹声！

瑶瑶自言自语地说："每根柱子得有多大啊！我们跟它们比起来实在是太渺小了！"

马老师接着瑶瑶的话说："是啊！孩子们，你们知道最粗大的石柱的体积是多少吗？"大家摇摇头。

"我们可以算一算，"聪聪提议道，"用圆柱的底面积乘高就是它的体积。"

虎子挠挠头说："可我们不知道圆柱的底面积啊！"

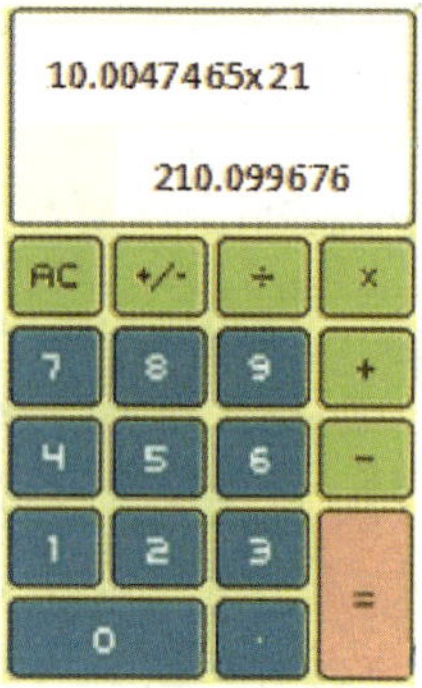

聪聪底气十足地说："我们知道圆柱的直径啊，知道直径就可以计算出底面积，当然也就可以计算出圆柱的体积了。"说着，他拿出手机找到计算功能，开始算起来。

"大约是 210.1 立方米。"聪聪不紧不慢地说。

马老师拍了拍聪聪的肩膀，点点头。看来，孩子们所学的数学知识在这里派上了用场。

瑶瑶看了看马老师，若有所思地说："其实不知道直径也可以计算圆柱的体积。"

马老师故作吃惊地说："哦，说说你的想法。"

瑶瑶清了清嗓子说："知道圆柱的底面周长和高也可以计算出体积啊，就像测量金字塔底面边长一样，我们可以先围一围，测出圆柱的底面周长。”

“对呀！还是我们的小学霸点子多！”大家把欣赏的目光投向瑶瑶。

说围就围，在瑶瑶的指挥下，四个小伙伴伸开双臂，手指尖碰着手指尖，测量起来。测量金字塔底面边长的经验在这里得到了应用，孩子们转来转去，忙得不亦乐乎。最后测得圆柱的底面周长大约是 11.21 米。

“我来算！”“哦，是 210.1 立方米！”“哇，我们的计算结果和刚才的是一样的！太有趣了！”虎子欢呼起来。”

殊途同归皆可知

“马老师，马老师，知道半径也可以计算出圆柱的体积。”站在马老师身边的文文着急地说。

马老师拍了拍文文的肩膀，冲她会心地笑了。

看到孩子们能够让数学知识在这里又一次得到应用，马老师由衷地为他们高兴。同时，她也希望孩子们能更多地了解一些埃及的文化。

马老师问大家："孩子们，国家主席习近平和埃及总统塞西在古老的卢克索神庙广场共同出席了中埃建交 60 周年庆祝活动暨 2016 中埃文化年开幕式。你们知道中埃建交 60 周年纪念活动为什么不在开罗的金字塔下举行，而选择在卢克索神庙开启中埃文化年序幕吗？"

"不—知—道。"马老师的问题还真难住了大家。"别着急，咱们请哈里发叔叔给我们介绍介绍吧！"

"好的，马老师。"哈里发接过马老师的话："其实，在埃及人心目中，卢克索古迹的历史地位举足轻重，不在金字塔之下。埃及人常说，没有到过卢克索，就不算到过埃及。金字塔只是公元前 26 世纪左右古王国时期的遗迹，而之后中王国与新王国时期的遗迹则集中在卢克索……"孩子们边听边记，都沉浸在对埃及古老文化的倾听和感受之中。

小试牛刀

你知道四位同学是如何计算圆柱体体积的吗？还可以有哪些方法？不妨自己动手试一试。

太阳神的方尖碑有多高？

在餐厅，马老师和几位同学一边吃早餐一边回味着昨天在卡尔纳克神庙发生的有趣故事。虎子兴奋地说："昨天咱们测量神庙中的石柱时，我发现我身体上还是有不少尺子的，测量比较小的物体时，我可以用手来测量，测量稍微大点的物体时，我就可以用手臂测量。"

瑶瑶也在一旁搭腔道："是呀，其实手、脚都是我们的尺子！"

马老师高兴地说："看来你们的收获还真不少啊！"

"马老师、同学们早上好！你们吃好早餐了吗？"这时，导游哈里发叔叔来到餐厅和大家热情地打着招呼。

"吃好了，哈里发叔叔，今天要带我们去哪参观啊？"虎子在一旁迫不及待地问着。

"今天我们要去卢克索神庙。"哈里发叔叔答道。

"卢克索神庙？那里有什么特别的吗？"虎子在一旁

憨憨地问。

文文在一旁说："我之前做过攻略，卢克索神庙里有一个非常著名的太阳神方尖碑，非常非常高。"

瑶瑶瞪大眼睛说："那到底有多高啊？"

马老师微笑着说："孩子们，别着急，到时候看了你们就知道了，你们能不能想办法得到它的高度呢？"

你知道吗？

卢克索神庙，坐落在开罗以南 670 多公里处的上埃及尼罗河畔，位于古埃及中王国和新王国的都城底比斯南半部遗址上。这座神庙是专门为底比斯神系中的三神（太阳神阿蒙、天空女神姆特和他们的儿子月亮神孔斯）所修建的。在新王国时期，它是每年奥皮特节的核心场所。节日期间，阿蒙神的神像会从卡尔纳克神庙游行到卢克索神庙，象征着神的重生与繁荣，承载着古埃及人对神灵的崇敬和对美好生活的祈愿 。埃及人常说："没有到过卢克索，就不算到过埃及。"这句话充分体现了卢克索神庙在埃及历史文化中的重要地位。它不仅是一座宏伟的建筑，更是古埃及宗教、艺术和文明的象征。

巧用影子测长度

“好了，好了，快让我们出发吧！”聪聪在一旁迫不及待地催促着大家。

“好的，孩子们，车就停在酒店门口，我们马上出发！”哈里发叔叔说。

说着，大家一起坐上汽车直奔卢克索神庙。在车上，同学们好奇地想象着卢克索神庙的样子。忽然，虎子大声说道：“糟糕，我忘记带重要的东西了！”

大家急切地问：“忘了什么东西？”

太阳神方尖碑

虎子着急地说：“忘记带盒尺了，我们没有带盒尺，怎么测量方尖碑的高度？”

文文也着急起来，说：“你真粗心！”

马老师微笑着对同学们说：“孩子们，没有尺子就不能测量方尖碑的高度了吗？别忘了，咱们之前测量金字塔也没有用盒尺呀！”

瑶瑶在一旁也兴奋地说：“对呀！之前我们可以用身体上的尺子测量，今天可以用老办法呀！”

“同学们，我们的目的地到了！”哈里发叔叔的话打断了大家的谈话。

马老师和同学们走下车，远远地就看见了矗立在卢克索神庙里的太阳神方尖碑，不约而同地感叹道：“啊！太高了！”

同学们快步走到方尖碑前面，欣赏着方尖碑上古老的雕刻，无不为伟大的古埃及文化所折服。

你知道吗？

方尖碑是古埃及的杰作之一，是古埃及崇拜太阳的纪念碑，也是除金字塔以外，古埃及文明最富有特色的象征。方尖碑外形呈尖顶方柱状，由下而上逐渐缩小，顶端形似金字塔尖，塔尖常以金、铜或金银合金包裹。当旭日东升照到碑尖时，它像耀眼的太阳一样闪闪发光。方尖碑高度不等，一般修长比为 9～10∶1，用整块花岗岩制成。碑身刻有象形文字的阴刻图案。修长比指碑的高度与最粗部分的直径的比。

第一章
第二章
第三章
第四章
第五章
第六章
第七章
第八章
第九章
第十章

这时，马老师对大家说：“刚才你们想要量出方尖碑的高度，有什么办法吗？”

马老师的话把大家的思路拉了回来。

虎子说：“用身体上的尺子呗！”

文文在一旁皱着眉说：“虎子，身体上的尺子？方尖碑这么高，你怎么测量？你还能飞上去呀？”

大家听文文这么一说，也陷入了深思。

“是呀，方尖碑这么高，不管是步测还是用臂长，或是用手，都不能从方尖碑的碑底测量到碑顶。”瑶瑶在一旁自言自语。

大家不约而同地看向马老师，马老师微笑着说：“大家别着急，用身体上的尺子不能直接测量，我们可以再想别的办法呀！”

虎子插话道：“我们总不能把方尖碑放倒再测量吧！”

聪聪搭话道：“你别异想天开了！那肯定不行！”

马老师接着说：“你们看，地下是什么？”

同学们低下头仔细搜寻着，可什么也没有发现。马老师又说：“孩子们，我们要学会认真观察，看！这是谁？”

马老师指向虎子的影子。大家顺着马老师手指的方向看去。

“这是虎子的影子。”大家答道。

“今天我们就利用虎子的影子来测量方尖碑的高度。”马老师说。

“利用影子怎么测量？”大家疑惑地看着马老师。

马老师接着说：“虎子的身高和影子之间的关系和方尖碑与影子之间的关系是一样的。”接着神秘地说：“你们自己研究研究吧！”

同学们围绕着虎子和虎子的影子转来转去，仔细思考。这时，瑶瑶一拍脑袋说：“我有办法了！”

大家好奇地看着瑶瑶。瑶瑶继续说道：“虎子，你身高多少？”

“150 厘米。”虎子答道。

“大家快来测量一下虎子的影子。”瑶瑶说。

“怎么测量？”聪聪问。

“可以步测呀！”文文说着，就在虎子的影子上开始步测。测好后说：“我步测你的影子是 3 步，我的平均步长是 40 厘米，所以你的影子是 120 厘米。”

“那有什么用？”虎子好奇地问。

文文接着说：“你的真实身高是影子长度的 1.25 倍，方尖碑的真实高度也应该是它的影子的 1.25 倍，我们测量出方尖碑影子的长度再乘 1.25，也就是方尖碑的高度了。”

大家听了文文的解释，纷纷竖起拇指夸奖道：“真是好主意！”

于是，大家用这种方法赶忙去测量方尖碑影子的长度，他们步测方尖碑影子的长度是 24 米，这样，他们利用影子的高度乘 1.25，测量出了方尖碑的高度大约是 30 米。

同学们兴奋地对马老师说了他们的测量方法，马老师高兴地说：“你们真了不起，巧妙地利用身体和影子之间的关系，得到了方尖碑的高度，其实这正是我们以后要学习的数学知识。”

小试牛刀

同学们，你们理解了吗？快用这种方法测量一下身边建筑物的高度吧！

第七章

埃及的南大门——阿斯旺

前进——阿斯旺离我们有多远？

虎子背着旅行包，手里拿着一根“法棍面包”飞快地从酒店大厅跑出来，看到马老师、哈里发叔叔和几个小伙伴正围着一辆越野车说着什么。

看到虎子气喘吁吁地跑过来，聪聪涨红着脸大声说：“怎么一转眼就看不见你了？”

“唉！到电梯口了才想起帽子忘在房间里了。”虎子懊恼地说。

哈里发叔叔看到他们你一言我一语，笑着说：“今天我们要乘越野车去另一个著名的城市——阿斯旺，它和卢克索一样，是埃及历史文化悠久的城市，也是古埃及文明的重要发源地之一。咱们一路看到的金字塔、木乃伊石棺、方尖碑等许多建筑的石材都来自阿斯旺，那里还有世界上最大的水坝之一……”

“还有我最期待的阿布辛贝勒神庙！”瑶瑶附和着。

“咱们快出发吧，我们离阿斯旺远吗？多长时间能到？我都等不及了！”虎子急切地说。

哈里发叔叔神秘地看着马老师，只见马老师笑着说：“这次我希望你们自己用不同的方法来测量一下到阿斯旺有多远。”

“这么远的路程，应该怎样测量呢？”虎子挠挠头，自言自语道。

你知道吗？

埃及全境地势以平坦为主，可分为四个主要区域：尼罗河谷三角洲、西部沙漠、东部阿拉伯沙漠和西奈半岛。主要城市及景点多集中在尼罗河流域，因此船、汽车和火车成为埃及旅游的主要交通工具。

“乘”出来的路程

文文看着马老师，不紧不慢地说：“马老师，求两地的路程，主要用‘速度×时间’，但怎么样得到速度我可要想想办法。”

“嗯，文文的知识最扎实。”马老师笑着摸了摸文文的头。

“我和爸爸开车去旅游，经常听爸爸说一百千米耗油多少，是不是也能用耗油量来计算路程呢？”聪聪若有所思地望着马老师。

“这个方法可有点难，你可以和瑶瑶一起来解决。”听着同学们想到用不同方法来解决问题，马老师打心底里高兴。

“虎子，你打算怎样解决？”马老师笑着问。

“我，困了。”刚说完，虎子就闭上了眼睛。

越野车离开卢克索，驶向了阿斯旺。在经过帝王谷时，同学们看到了一只只热气球腾空而起的壮观场面，途中还游览了埃及目前保存最完整的荷鲁斯神庙，目睹了尼罗河沿岸一座座小型金字塔。乘着越野车，仿佛穿梭在历史的

帝王谷

荷鲁斯神庙

光阴之中。同学们沿途观看美景、畅谈感受，但他们也没忘了自己要解决的问题，一会儿问问司机叔叔这个，一会又在本上记记那个，忙得不亦乐乎。只有虎子醒一会儿、睡一会儿，不着急。

大约六个半小时后，一座雄伟的大坝矗立在眼前，同学们兴奋地欢呼起来。“孩子们，你们都算出今天的路程了吗？”马老师问。

“我先说说我的想法。”文文笑着说：“越野车时快时慢，我平均了一下，车速大约是每小时 55 千米，途中我们在荷鲁斯神庙游玩两个半小时，所以行程时间大约是 4 小时，行程距离为 55×4=220 千米。”

“你们呢？”马老师看着聪聪和瑶瑶说。

“我用手机在网上查了下，这种交通情况下，越野车的耗油量在每百千米 12.5 升左右。”

“我们出发的时候是满箱油，刚刚加了 326 埃及磅汽油，油价是 11.5 埃及磅每升。我们用计算器算了一下：

326÷11.5≈28.348（升），28.348÷12.5≈2.27（百千米），100×2.27=227（千米）。

你知道吗？

埃及地处欧、亚、非交通要地，北临地中海，东临红海，西接利比亚，南邻苏丹，是重要的石油生产国，同时也是非洲最大的炼油地之一，因此汽油价格相对较低。1 升汽油 11.5 埃及磅，约合人民币 1.69 元。

“我也知道，卢克索到阿斯旺的准确路程是 229.8 千米。”虎子得意地说。大家看着虎子瞪大了眼睛。

“我是从汽车仪表盘上的里程表看到的。”虎子吐了吐舌头。

“哈哈……”大家不约而同地笑起来。

“你们能够运用不同的方法，从不同角度来解决问题，并能够互相印证，真了不起！”马老师看着叽叽喳喳地说个不停的同学们高兴地说。

“不过，汽车是怎样知道两个地点的距离是多少的呢？咱们带着这个问题先休息一下，一会儿吃晚饭的时候再讨论。”

快乐的师生带着问题、背着包，高兴地下了越野车，准备着接下来的旅程。

小试牛刀

同学们，你们知道汽车在行驶过程中是怎样计算出卢克索到阿斯旺的路程的吗？请在下面写一写你的想法吧！

阿斯旺大坝与三峡大坝谁更大？

虽然从卢克索到阿斯旺这一天很疲惫，但因为收获了很多知识，大家都很兴奋。特别是虎子吃完晚饭就一直围着哈里发叔叔问这问那。作为埃及人，哈里发无比自豪地向虎子介绍了第二天将要参观的阿斯旺大坝。但因为虎子以前去过三峡大坝，所以对哈里发叔叔的介绍有点不太留意。

阿斯旺大坝

三峡大坝

晚上，瑶瑶、文文、聪聪和虎子同时收到了马老师发的短信：明天每个人都要当一次小导游，从不同角度对阿斯旺大坝与三峡大坝进行比较和介绍。

你知道吗？

水坝，是拦截江、河及渠道水流以抬高水位调节流量的建筑物，可用于防洪、供水、灌溉、水力发电、改善航运等。

世界上有很多大型水利工程，大坝是其中很重要的一类，其中有8个最为著名，分别是美国的葛兰峡谷大坝、胡佛水坝、大古力水坝，埃及的阿斯旺大坝，巴西与巴拉圭共建的伊泰普大坝，瑞士的大迪克桑斯坝，印度的纳加尔朱纳萨加尔水坝和中国的三峡大坝。

细说尼罗河与长江上的大坝

因为聪聪、虎子、瑶瑶和文文都去过三峡大坝，所以四个人在去阿斯旺大坝的路上并不怎么兴奋，但当他们站在阿斯旺大坝顶端向南眺望烟波浩渺的水面时，还是不由得惊呼起来：“天呀！太壮观了！”

哈里发叔叔看到同学们惊奇的表情，无比自豪地说：“怎么样，我们埃及人民不仅能创造悠久灿烂的古代奇迹，也能创造伟大壮观的现代奇迹！”

这时马老师指着雄伟的大坝说：“孩子们，今天你们准备好当小导游了吗？谁先来给我们介绍呀？”

“我先用数字来说一说阿斯旺大坝与三峡大坝的历史吧。”文文主动承担了第一个讲解任务。

“对，先从历史开始，让历史告诉未来嘛。”虎子打趣地说道。

“阿斯旺大坝和三峡大坝都修建于两个国家最大的河流上，分别把尼罗河与长江拦腰截断。”

文文接着说道：“最早的阿斯旺大坝于 1898—1902 年建造，用于灌溉和发电，但后来渐渐不能满足社会的发展。现在的大坝是在原坝址上游 7 千米处，于 1960 年动工，1970 年正式竣工的。我国的三峡大坝从最初的设想、规划、论证到开工经历了 75 年之久，1994 年 12 月动工，2006 年 5 月全部竣工。”

尼罗河

长江

“哇，你们中国人真伟大！”哈里发叔叔边说边竖起了拇指。

这时，瑶瑶打开了记事本说：“来，我给大家看一个表格。”

项目名称	全长（米）	坝高（米）	顶宽（米）	底宽（米）	库容（立方米）	装机容量（千瓦）
阿斯旺大坝	3830	111	40	980	1689 亿	210 万
三峡大坝	2335	185	15	124	393 亿	2250 万

纳赛尔湖

瑶瑶边指着表格边说：“阿斯旺大坝建成后，形成了一个长 550 千米，最宽处 35 千米的大湖，就是我们眼前美丽的纳赛尔湖。所以从水域面积和库容量方面看，绝对是世界第一。但从大坝装机容量比较，三峡大坝肯定是世界第一。”

马老师听了笑道：“嗯，资料整理得真仔细。虎子，这方面你要多向瑶瑶学习呀！”

“是！”虎子调皮地向马老师敬了个礼。

“我也给大家介绍一下吧！建造大坝这种庞大的工程

要耗费巨大的人力物力。据统计，阿斯旺大坝所使用建筑材料超过 4300 万立方米。如果想象不出来的话，我们可以拿金字塔做对比，4300 万立方米的建筑材料足足可以建造约 19 座胡夫金字塔。而三峡大坝是钢筋混凝土重力坝，一共使用了 1600 多万立方米的水泥砂石料，怎么样？够大的吧。”

阿斯旺大坝

胡夫金字塔

三峡大坝

“虎子越来越会用数字说话了。”马老师高兴地夸道。

“聪聪，你想怎样给我们介绍呢？”

“马老师，我介绍得可能没有他们那么乐观。”聪聪若有所思地说：“大坝建成后确实对埃及的经济起到了巨大的推动作用，但同时也对环境和生态造成了一定的破坏。阿斯旺大坝在拦截河水的同时，也拦住了河水所携带的淤泥，这些可都是尼罗河两岸耕地的天然肥料。目前，尼罗河三角洲正以每年约 5 毫米的速度下沉，再过几十年，埃及将因此损失 15%左右的耕地，1000 万人口将不得不背井离乡。与此同时，尼罗河两岸均属干旱地区，炎热的气候使得纳赛尔湖里面的水大量蒸发，每年因蒸发而损失的水资源达到库容量的 11%左右。因大量泥沙在库区内淤积，目前水库 26%的库容是死库容，而每年尼罗河还会从上游夹带大约 6000 万～1.8 亿吨泥沙入库，使工程效益大大降低。阿斯旺大坝曾经出现的一些与生态环境相关的问题，在三峡大坝的运行过程中也在一定程度上有所体现，引发了人们的关注和思考，后来我国通过科学调控有效缓解了相关影响。”

“是呀，只有与大自然和谐共存，才能保障人类的长远发展。这个问题的确应该引起我们的重视，相信这些问题一定能够被妥善处理和有效应对，从而找到平衡经济发展与生态保护的最佳方案，实现可持续发展。”马老师望着眼前的纳赛尔湖语重心长地说。

“好了，咱们一起去码头乘坐白帆船，体会一下荡舟纳赛尔湖的魅力吧！”

说完，一行六人向着阿斯旺大坝的游船码头走去。

小试牛刀

同学们，阿斯旺大坝和三峡大坝建成蓄水后，不少具有重要历史文化价值的遗迹都面临着被水淹没的困境。这些历史遗迹承载着丰富的过往记忆和独特的文化内涵。面对这样的情况，如果由你来决策处理，你会从哪些方面着手，采用怎样具体的措施来尽可能保护这些历史遗迹，平衡大坝建设带来的发展需求与文化遗产保护之间的关系呢？

未完成的方尖碑！

经过了近七个小时的旅程，大家都有些累了。刚进入酒店房间，聪聪把背包往桌上一放，就倒在了床上。

虎子可来了精神，指着聪聪摇头晃脑地说："贪吃贪睡不干活，不可教也。"见聪聪不理他，他打开手机，连上酒店的 Wi-Fi，搜索起阿斯旺的攻略。

突然电话"铃铃铃"地响起来，原来是马老师和哈里发叔叔通知大家到酒店大厅集合。虎子和聪聪赶紧来到大厅，其他人都已经到了，瑶瑶手里还拿着盒尺不停地晃来晃去。

看到大家都到齐了，哈里发叔叔说："因为时间还早，我和马老师商量想带大家到'方尖碑采石场'参观。"想起在卢克索看到的壮观的方尖碑，现在将看到它们的出生地了，大家不禁都欢呼起来。

“称一称”最大的方尖碑有多重？

刚一上车，虎子就打开了话匣子：“采石场就在阿斯旺城边，离尼罗河也不远。古埃及建筑的石料大多数都来自阿斯旺，这是因为阿斯旺出产的花岗岩质地优良，硬度较高。方尖碑建造好后，人们再利用尼罗河的汛期，经由水路运输到全国各地。”

“哇，虎子，你什么时候也成学霸了。”聪聪有点不相信地看着虎子。

“就是刚刚你休息的时候我在网上查的。”虎子得意地说。

“我还知道，采石场有一块‘未—完—成—的—方—尖—碑’”。虎子一字一顿地说。

“不错呀，虎子越来越有心了。”看着同学们的成长，马老师开心地笑着继续说：“这个方尖碑还是埃及最大的方尖碑，一会儿你们想办法‘称一称’这个方尖碑到底有多重！”

越野车不一会儿就到达了“未完成方尖碑”采石场，远处还隐隐约约听到尼罗河传来的哗哗的流水声。一下车，同学们马上沿着铺设的步道向小山上跑去。站在山坡上向下看，一个硕大的方尖碑横卧在岩石中央。

虎子惊叹道：“哇，这得多少斤呀！”

“虎子，古埃及人可不是用斤来称重的。”瑶瑶一本正经地说。

你知道吗？

斤和两是中国特有的市制质量单位。在日常生活中，我们有时仍会用到这些传统单位来衡量物品的质量。而在国际交流和科学研究等领域，国际通用的质量单位克、千克和吨则更为常用。

1 斤=500 克=0.5 千克

1 吨=1000 千克

随着我国国际交往日益频繁，克、千克和吨这些国际通用质量单位在我们的生活中也越来越多地被使用了。

带着马老师的问题，同学们自觉地分成了两组。有了在大金字塔测量底面积的经验，这回同学们做起事来驾轻就熟。瑶瑶和文文一边商量，一边不停地拿着盒尺量来量去。聪聪迈着步子，一次次用步长测量方尖碑的长度，虎子则打开手机不停地搜索着。马老师和哈里发叔叔研究着古埃及人是用什么方法开采方尖碑的。

你知道吗？

方尖碑作为一整块石料，采石是一个大问题。在中国古代，采石是在开了沟槽后，采用火烧水浇法，利用热胀冷缩的原理使岩石裂开。而古埃及的工匠是在所选石料的四周凿出沟，再垫上干木头，然后往木头上浇水，有观点认为可能是利用木头吸水膨胀产生的力量辅助，结合使用铜制或石制工具等方式，把石料与山体分离。

过了一会儿，瑶瑶和文文最先跑了过来，“马老师，我们计算出来了。”

锦囊妙计

密度是指物质每单位体积的质量。一般来说，不管什么物质都有一定的密度。不同的物质所具有的密度通常是不相同的。

根据密度公式：$m=V\rho$，可计算出物体的质量。

“我们用盒尺仔细测量出方尖碑的长大约是 41 米，底面是边长为 4 米的正方形。不过，由于方尖碑向上是逐渐变细的，为了估算它的体积，我们取中间横截面为 10 平方米的正方形来计算。经过一番认真的计算，得出：

10×41=410（立方米）；

我们查到花岗岩的密度大约是 3.07 吨 / 立方米；

3.07×410=1258.7（吨）。

这样，我们就大致估算出了‘未完成的方尖碑’的质量啦！”瑶瑶一口气把测量和计算的过程说完后，脸上露出了如释重负的神情，长长地舒了口气。

这时，聪聪和虎子气喘吁吁地跑了过来。“我们也得出结果了！”虎子兴奋地晃着手机说道。

“我们在网上仔细搜索了一下古埃及最著名的几座方尖碑的相关信息，还进行了一番比较呢。”虎子一边说着，一边把手机屏幕展示给大家看。

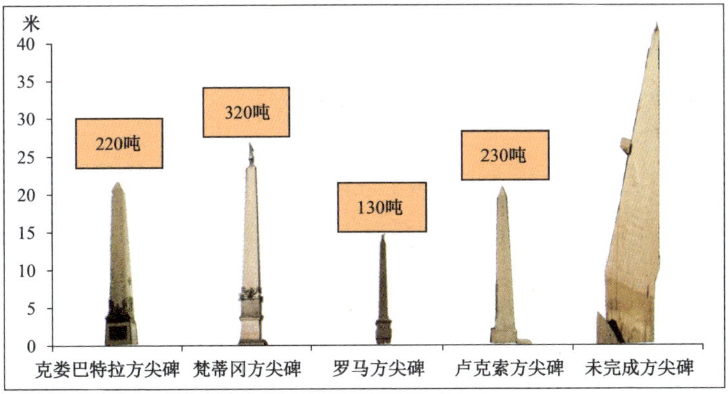

聪聪指着图跟大家说："我们发现方尖碑每增高 2 米，整体重量大约要增加近 100 吨，所以我们得出未完成方尖碑的重量大约是 1050 吨。"

马老师赞许地拍了拍聪聪的头，冲两个人竖起了拇指。

虎子不好意思地叫起来："妈呀，这得有多少个我的质量呀！"一句话引出大家爽朗的笑声。

在欢快的氛围中，大家结束了今天的旅程，等着明天的更加神奇的埃及之旅。

小试牛刀

同学们，如果以瑶瑶和文文所测量出的 1258.7 吨为标准，虎子的体重是 40 千克，你能算出“未完成的方尖碑”相当于多少个虎子吗？

神奇的阿布辛贝勒神庙—太阳节奇观

白帆船借着风势，轻快地在广阔的纳赛尔湖面上航行，时不时还有一群水鸟掠过风帆。没多久，白帆船停在了纳赛尔湖西岸的一个码头，登岸后哈里发叔叔带领师生5人坐上了一辆旅游巴士，他们将前往埃及最为壮观、浩大，也是最神奇的神庙——阿布辛贝勒神庙。

一上车，挥舞着埃及国旗的导游就用流利的英文给大家介绍起阿布辛贝勒神庙的点点滴滴。因为同学们的英文都还不错，基本能够听懂英文导游的讲解。一旁的哈里发叔叔也难得清闲，靠在座椅上小睡起来。

你知道吗？

阿布辛贝勒神庙是古埃及第十九王朝法老拉美西斯二世在公元前 13 世纪修建的，距今已经有约 3300 年历史。

阿布辛贝勒神庙一共包括两个重要的神庙，分别是献给太阳神拉蒙神及拉美西斯二世自己的大神庙，以及献给女神哈托尔和拉美西斯二世最宠爱的妻子奈菲尔塔瑞王后的小神庙。

大神庙和小神庙

同学们跟随哈里发叔叔下了车，转过一个弯，忽然看到 4 座高大的石像，左右各两座分别矗立在神庙大门的两侧。石像雕刻得细腻、威严，表情凝重，两只手轻放在双膝之上，两眼直视面前滚滚流淌的尼罗河。

虎子好奇地在 4 座石像前转来转去，歪着脑袋问哈里发叔叔："我看这 4 座巨大石像的模样都差不多，是不是四胞胎呀？"

"错了！"哈里发叔叔纠正道。

“它们都是拉美西斯二世的石像，每一座都有 20 米高。石像身后的神庙高 30 米，宽 36 米，纵深达 60 米。旁边的小石像是其母亲、妻子和子女的雕像，也无不细致入微、栩栩如生。”

一行人随着人流进入神庙内部，发现这里还有一个大列柱室，里面有 8 座高达 10 米的拉美西斯二世立像。

在第三道石门之后，是大厅的尽头，那里又有一间小石室，是神庙最深的地方，并排供奉着 4 座神像：普塔赫神、阿蒙拉神、拉美西斯二世及拉·哈拉赫梯神。

站在前面的聪聪使劲瞪大眼睛，还是看不清石室中的神像模样，于是问身边的哈里发叔叔：“神庙里这么黑，这些雕像放在这里看都看不清，古埃及人是怎样看清的呢？”

“这里面有一个神奇的现象，在拉美西斯二世的生日 2 月 21 日和拉美西斯二世的加冕日 10 月 21 日，当旭日从

第一章
第二章
第三章
第四章
第五章
第六章
第七章
第八章
第九章
第十章

东方冉冉升起时，霞光像被下了咒语似的会穿过 60 米深的神庙走廊，洒在拉美西斯二世的石像上长达 20 分钟之久。而位于最左侧的普塔赫神则不会被照到，因为他是冥界之神。这一奇异现象引发了古埃及人的膜拜，并将这两个日期定为‘太阳节’。”哈里发叔叔解释道。

“哇，这也太神了，怎么可能！”聪聪脸上露出难以置信的表情。

“这一定和太阳的高度角有关系。”马老师看着疑惑的孩子们解释道。

出了阿布辛贝勒大神庙，大家又参观了小神庙。但同学们心头一直萦绕着拉美西斯二世神像的太阳光照射之谜，早已无心仔细观赏眼前的景色。

揭开神奇的“太阳节”之谜

一回到酒店，聪聪就把同学们召集到大厅一起研究起来。想起马老师提到的太阳高度角的问题，同学们决定就从这里入手研究。

你知道吗？

太阳高度角：对于地球上的某个点，太阳高度角是指太阳光的入射方向和地平面之间的夹角。当太阳高度角为90度时，太阳的辐射强度达到最大，而当太阳斜射向地面时，太阳的辐射强度则相对较小。

“我可以画一幅图来分析一下。”说着瑶瑶拿起笔画了起来。

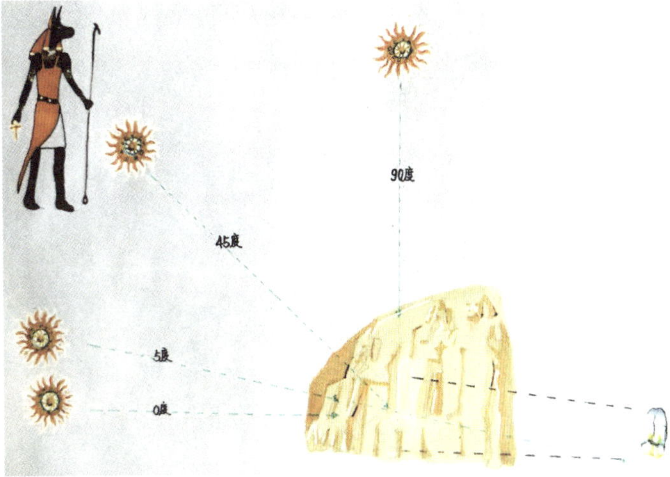

“从太阳高度角的形成可以看出，日升日落时，同一地点一天内太阳的高度是不断变化的。如果从正午 12 点

的太阳高度角为 90 度开始算起，每小时变化约 15 度，那么在早上 6 点的时候，日出时的高角度正好为 0 度。而每年的 2 月 21 日和 10 月 21 日，太阳升起的时间恰好都是 6 点。”

瑶瑶指着图继续解释：“太阳上升了 5 度后，因为角度的变化，阳光就不能够完全通过 60 米的走廊照射在拉美西斯二世的石像上了，所以正好是 20 分钟。”

“完美！”同学们不禁异口同声地说。

同学们看着自己研究的结果，兴奋地跑到马老师房间，把原因告诉了马老师。看着孩子们一路走来越来越睿智、成熟，马老师脸上露出了欣慰的笑容！

小试牛刀

同学们，你知道吗？60 多年前，由于阿斯旺高坝的修建，纳赛尔湖水位上升，阿布辛贝勒神庙面临着永沉湖底的威胁。人们是如何将阿布辛贝勒神庙切割、迁移并重建到更高处的呢？

第八章

黑白相间的西部沙漠

你会用防晒霜吗？

明天的行程是去沙漠，孩子们个个兴奋不已，都开始做起了准备。聪聪和虎子在酒店把东西收拾好后，总觉得少了点什么，于是去隔壁的房间敲了敲门。

“瑶瑶、文文，是我们，你们收拾得怎么样了？”门外传来了敲门声。

文文起身开了门，“我们也收拾得差不多了。”

“你们都准备了什么呀？我们总觉得忘了点什么。”聪聪问道。

“我们带了水、零食，听说沙漠里没有地方洗手，所以还带了湿纸巾。之前在网上看到，撒哈拉沙漠中的人们戴面纱，主要是因为沙漠中紫外线辐射强烈，面纱可以有效遮挡阳光，防止皮肤被晒伤和受到紫外线的伤害。虽然没有面纱，但咱们有太阳帽，我们还戴了防晒用的太阳镜，备了遮阳伞和防止晒伤的外套。这么热的天气，防晒物品

第一章
第二章
第三章
第四章
第五章
第六章
第七章
第八章
第九章
第十章

是一定要有的！”瑶瑶边说边掰着手指数着。

你知道吗？

由于撒哈拉沙漠位于副热带高压和东北信风带的交替控制区域，天气炎热干燥，云量少，大气对太阳辐射的削弱作用较弱，所以撒哈拉沙漠的太阳辐射非常强。

什么是 SPF？

“对对对，我想起来了，咱们没带防晒霜，虽然穿了防止晒伤的外套，可是紫外线那么强，如果不涂防晒霜一定会晒伤的！”聪聪连忙说道。

“妈妈好像给我带了一瓶，我找找看！”文文在行李箱中翻着说道，“找到了，这上面写着 SPF30，你们看看。”

“SPF30？30 是什么意思？指的是防晒等级还是时长？”瑶瑶疑惑地问道。

“我也不知道。要不咱们现在查查吧，反正时间还早，要是不合适，正好去楼下的超市再买一瓶。”聪聪建议道。

“我查到了，你们看！”不一会儿，瑶瑶指着笔记本屏幕和大家说。

你知道吗？

皮肤在日晒后发红，医学上称为“红斑症”，这是皮肤对日晒作出的最轻微的反应。最低红斑剂量是指皮肤出现红斑所需的最短日晒时间。使用防晒用品后，皮肤的最低红斑剂量会增长，那么该防晒用品的防晒指数（Sun Protection Factor，SPF）则为使用防晒用品后的最低红斑剂量 ÷ 使用防晒用品前的最低红斑剂量。

“什么是最低红斑剂量呀？我还是搞不懂，咱们到底该买防晒指数多少的防晒霜才合适呢？真是把我弄晕啦。”虎子挠着脑袋，一脸疑惑地问道。

“我刚刚在网上查到啦，一般黄种人的皮肤在太阳下面晒着，要是晒大概 15 分钟，皮肤就会出现一点点红，而让皮肤刚刚开始有点发红的最短时间，就叫作最低红斑剂量。”文文认真地解释道，“不过呢，咱们在沙漠里呀，这里的太阳特别厉害，天上的云也少，沙漠的沙子还会把太阳光反射回来，皮肤会被晒得更厉害，所以在沙漠里，皮肤可能很快就会被晒红，最低红斑剂量对应的时间可能就会比 15 分钟短，估计 10 分钟左右吧。”文文接着补充说，“那我们说的没用防晒霜之前，这个最低红斑剂量对应的 10 分钟时间，是不是就是皮肤能挡住紫外线不被晒红的时间呀？可我还是不太清楚，怎么根据这个来选合适的防晒霜呢。”

“嗯嗯，文文说得对。我刚才看百科上面写着，SPF 就是涂了防晒霜之后，皮肤能挡住紫外线的时间，是没涂防晒霜时能挡住紫外线时间的多少倍。”瑶瑶拿着笔和本子，兴致勃勃地走过来，看起来准备要开始计算啦。“其实呀，防晒霜的防晒指数，也就是 SPF 值，更准确的算法是这样的：涂了防晒霜之后，皮肤开始有点发红的时间除以没涂防晒霜时皮肤开始有点发红的时间，算出来的结果就是防晒指数啦。要是用的是 SPF15 的防晒霜，我们可以用解方程的办法来算。假设涂了这个防晒霜之后，皮肤能挡住紫外线不被晒红的时间是 x 分钟，而在沙漠里，没涂防晒霜之前皮肤能坚持 10 分钟不被晒红，那么就能列出算式 $x \div 10 = 15$，解这个方程就能算出 x 等于 150 分钟。一个小时有 60 分钟，150 除以 60 等于 2.5 小时。也就是说呀，涂了这个 SPF15 的防晒霜，在沙漠里能让我们的皮肤 2 个半小时不被晒红呢。”

锦囊妙计

像 $100+x=250$，$3x=2.4$…… 这样，含有未知数的等式，并且该等式所表述的数量关系符合数学运算规则和逻辑，这样的式子就是方程。

在计算方程 $x\div10=15$ 时，需要利用"等式的性质 2：等式两边同时乘或除以同一个不为 0 的数，等式的左右两边依然相等"。这里因为方程左边是 x 除以 10，为了使左边只剩下 x，我们在等式两边同时乘 10，具体过程如下：

解：$x\div10=15$

$x\div10\times10=15\times10$

$x=150$

"那按照刚才瑶瑶讲的那样算，涂了 SPF30 的防晒霜，在沙漠里是不是就能让皮肤差不多 5 个小时不被晒红呀？"聪聪眼睛一亮，急忙说道。

"哇，你怎么算得这么快呀！我还在琢磨着怎么用刚才学的那个等式的性质来算呢，你一下子就得出答案了，我真的太佩服你啦！"虎子一边说，一边还带着点小羡慕，眼睛睁得大大的。

聪聪笑着挠挠头说："嘿嘿，其实很简单的，用倍数关系就能算出来啦。"

SPF值是越高越好吗？

"明天咱们要去沙漠玩啦，听说是一整天的行程呢！涂了SPF30的防晒霜，只能让皮肤差不多5个小时不被晒红，这5个小时的防晒时间够用吗？"文文皱着眉头，有些担心地问道。

"哎呀，这你不用担心啦！"瑶瑶自信地摆摆手，笑着说，"我们只要在快到5个小时的时候，再重新涂一遍防晒霜就好啦。而且呀，我刚才又在网上查了查关于防晒霜的知识，发现了一些很有用的东西哦，你们快过来看看！"说着，瑶瑶兴奋地招呼大家凑过来，眼睛里闪烁着发现新知识的光芒。

你知道吗？

SPF虽然是防晒的重要指标，但并不表示SPF值越高，保护力就越强。例如，SPF15有93%的保护能力，SPF30有97%的保护能力。然而，SPF值越大，其通透性越差，会妨碍皮肤的正常分泌与呼吸。此外，高倍防晒霜的质地通常较为黏稠，浓度很高，对皮肤造成的刺激也更大，因此可能会对皮肤造成一定的负担。

“哦，看来 SPF 值不是越高越好，那简直太好了，我还真是有点累了，不用出去买喽！”虎子开心地欢呼着。

“那咱们明天什么时候涂上比较合适呢？我记得我妈妈之前好像说过要提前涂，所以她每次都是出门前就涂好的。”文文回忆着说。

“刚才我看到购物网站上的产品使用注意事项中写着：防晒品不是涂上后就能马上产生防晒保护效果的。由于防晒品中的有效成分必须渗透至角质表层后，才能发挥长时间的保护作用，因此必须在出门前 15～30 分钟就先擦拭完毕。而且在使用剂量上，每次至少需要涂 1～2 毫升的量才能达到最佳的防晒功效。”瑶瑶回答。

“1～2 毫升也就两滴水，够抹吗？”虎子疑惑地问。

聪聪听到虎子的话，捂着肚子笑道：“哈哈哈哈，看来你的数学知识学完就都还给老师了！之前的数学课上咱们还做过实验，大概 10～20 滴水才是 1 毫升呢，所以肯定够抹了，而且也不是抹得越厚越好，涂得太厚还会影响皮肤正常的分泌与呼吸。”

虎子听了也不好意思地笑了。

聪聪和虎子找到了答案，和两个女生打了个招呼，便回到了自己的房间。四个小朋友不一会儿就把需要准备的东西又清点了一遍，确定没有落下什么后，就开始休息了。

小试牛刀

聪聪很快就算出了“使用 SPF30 的防晒霜，在类似沙漠这种阳光强烈的环境下，能让皮肤在更长时间内不受能导致皮肤出现红斑的紫外线伤害，大概能有 5 个小时的有效防护时间”，你知道他是怎么算出来的吗？可以在下面试着写一写，算一算。

沙子多还是围棋的变化多？

一大早，孩子们背着昨天整理好的书包，和马老师、哈里发叔叔坐上了去沙漠的汽车。一路上，大家兴致勃勃，哈里发叔叔的嘴就没有停过，因为四个小朋友的问题实在是太多了。

“哈里发叔叔，我们这次是要去撒哈拉沙漠吗？”虎子期待的眼神看着导游哈里发叔叔问道。

“是的，是的，这次我们去的地方叫黑白沙漠，它位于埃及西部，属于撒哈拉沙漠的一部分。”哈里发叔叔回答。

“撒哈拉沙漠！我之前在书里看到过，撒哈拉在阿拉伯语中就是大沙漠的意思！”没等哈里发叔叔说完，瑶瑶急忙补充道。

“你的课外知识还真不少呢！咱们都应该向瑶瑶同学学习，多看书！”马老师夸奖道。

“哈里发叔叔，为什么这个沙漠叫黑白沙漠呢？这里的沙堆是既有黑色又有白色吗？”聪聪疑惑地问。

“黑白沙漠其实是黑沙漠和白沙漠两个区域，黑沙漠千万年前是火山，火山爆发后熔岩冷却凝固成粗粒玄武岩和含铁石英砂，铺在黄沙之上，所以整个黑沙漠的表面被一层黑色煤渣似的沙粒覆盖着。因此黑沙漠并非由纯黑色的沙粒组成，而是黄沙上面铺满了粗粗的黑砂石，就像沙丘上撒满煤炭。白沙漠也不是全由‘白沙子’组成，所呈现的白色大部分是因为露出来的岩石，让整个沙漠看起来呈现出白色。”哈里发叔叔和大家滔滔不绝地讲解着。

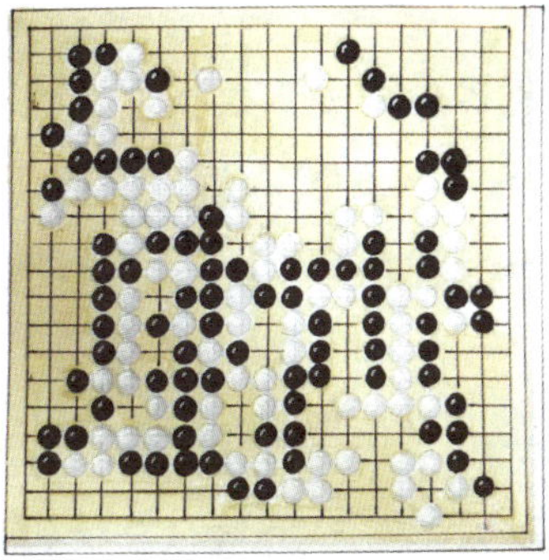

“您这么一说，我想起了围棋的棋子，有黑色也有白色，就像这黑沙漠和白沙漠，哈哈！”聪聪听了哈里发叔叔的介绍，不由得联想到。

“围棋和沙漠？我怎么觉得在某个电视节目上看到过呢？”虎子自言自语道。

“哦！我想起来了！是咱们之前看的《开学第一课》中，主持人在介绍围棋高手柯洁时说过的！当时我的印象特别深刻，他是这么说的：‘你们知道天上有多少颗星星吗？大概是 2×10^{20}；你们知道全世界最大的撒哈拉沙漠有多少颗沙子吗？大概有 2×10^{25}；但是你们知道围棋在盘上有多少种变化吗？2×10^{808}！’”聪聪得意地说道。

$$10^{808}=$$

100000000000000000000000000000000000000000000000000000000000000000000000000000
000000000000000000000000000000000000000000000000000000000000000000000000000000
000000000000000000000000000000000000000000000000000000000000000000000000000000
000000000000000000000000000000000000000000000000000000000000000000000000000000
000000000000000000000000000000000000000000000000000000000000000000000000000000
000000000000000000000000000000000000000000000000000000000000000000000000000000
000000000000000000000000000000000000000000000000000000000000000000000000000000
000000000000000000000000000000000000000000000000000000000000000000000000000000
000000000000000000000000000000000000000000000000000000000000000000000000000000
000000000000000000000000000000000000000000000000000000000000000000000000000000
00000000000000000000000000000

“天呐，有那么多！围棋的变化比撒哈拉沙漠的沙子还要多得多，太不可思议了！”瑶瑶不禁感叹道。

“你们又在说一些我听不懂的话了，10 的 20 次方是多大的数呀？”虎子挠挠头问道。

“就是 1 的后面再跟上 20 个零。”瑶瑶回答道。

“个、十、百、千、万、十万、百万……天哪，10 的 20 次方比这些数还要大得多，我简直无法想象！”虎子边掰手指数着边感叹道。

锦囊妙计

一个数的 n 次方，指的是将这个数乘自身 n 次。比如：

5 的 2 次方（5 的平方）是 25，即 5×5=25；

5 的 3 次方（5 的立方）是 125，即 5×5×5=125；

10 的 2 次方是 100，即 10×10=100，就是 1 后面跟了 2 个零；

10 的 5 次方是 100000，即 10×10×10×10×10=100000，就是 1 后面跟了 5 个零；

以此类推，10 的 20 次方，就是 1 后面跟了 20 个零，10 的 n 次方就是 1 后面跟 n 个零。

回过神来，虎子又接着问道："10 的 808 次方、10 的 20 次方和 10 的 25 次方，也就是 1 后面分别有 808 个、20 个和 25 个零。因为 808 比 20 和 25 都大，所以 10 的 808 次方是这三个数里最大的数，我说得对吗？"

"对对对！我们虎子的进步也不小呀！这么快就能举一反三了，继续努力！"马老师鼓励地说道。

走进黑沙漠

说着说着，天边出现一些黑色的沙丘，沙漠的颜色逐渐变暗，最终呈现出深邃的黑色。

“这就是一望无垠的黑沙漠！”导游哈里发叔叔指着窗外和大家说。车子缓缓驶向黑沙漠中最高的沙山脚下，哈里发叔叔示意大家登上去。孩子们做好防晒措施后，一行人下了车。

当孩子们登上沙山时，眼前的景象让他们不由自主地惊呼起来：“我的天！这简直太美了，太壮观了！”

大家发现沙山的黑色其实是来自覆盖在黄沙表面的黑色石块和沙砾。放眼望去，周围矗立着许多座圆锥形的黑沙山丘，每一座山丘的颜色几乎都呈现出从金黄到炭黑的渐变。海拔越高，黑色越深，仿佛披上了一层黑色的外衣。

孩子们个个兴奋不已，纷纷掏出手机或相机，记录下这壮观的景象。

哈里发叔叔看着孩子们陶醉的神情，心中有些不忍催促他们离开。但他看了看手表，还是对大家说道："孩子们，黑沙漠虽然壮观，但白沙漠的景色同样令人惊叹！时间不早了，我们回车上喝点水，补充一下水分吧。"说完，四个小朋友依依不舍地望了最后一眼黑沙漠，缓缓返回了车中。

走进白沙漠

车子继续向前开着，在翻越一座高高的垭口之后，路越来越不好走了，不像前一段都是平坦的沙土地。现在的路上，一会儿是厚厚的软沙地，一会儿是布满大块岩石的小道，车子只能缓慢地前行。

"哈里发叔叔，您先给我们介绍一下白沙漠是什么样子吧！"聪聪看车子开得很慢，着急地说道。

"白沙漠，是一片白茫茫的、一眼望不到边际的沙地。这里的沙子呈奶油一样的雪白色，和周围的黄色沙漠形成鲜明的对比。高耸的白垩岩层屹立在白沙漠中，仿佛巨大的蘑菇群，被数千年的沙暴不断雕蚀而成。”

“数千年，那一定很美吧！”文文期待地说道，眼睛不由得望向窗外。

车子就这样穿行了两三个小时，眼前终于出现了一片雪白。全然一个圣洁的白雪世界，大大小小的奇石迎风而立，孩子们早已目不暇接。

一行人下了车，置身于这片神奇的白色沙漠，大家不由得感慨大自然的鬼斧神工。

“文文，你看，真不敢相信这是天然形成的！真是姿态万千、惟妙惟肖的奇石呀！”瑶瑶指着眼前的景象，不可思议地说道。

大家纷纷拿出相机，想把这美丽的景色永久记录下来。游玩快结束的时候，大家还一起在白沙漠合影留念。

小试牛刀

在沙漠旅行的过程中，小朋友们提到了很多大数，你还知道哪些大数？请你试着找一找、写一写。

坚强的沙漠之舟

浩瀚的黑白沙漠向远方延伸，仿佛没有尽头。耳畔的风呼啸而过，眼前广袤的土地上覆盖着一层淡淡的黑色。沙漠中每隔一段距离就会矗立着一座座金字塔形状的小山，它们同样披着黑色的外衣。马老师和同学们在沙漠中忙碌地用相机记录下这壮丽的景象。

骄阳下，虎子汗如雨下。“热死了！我真想把防晒服脱了，穿背心多凉快啊！”虎子叫道。

“虎子，别闹了，防晒服脱了你会被晒伤的。”文文关切地说。

“你知道吗？在紫外线强烈的环境中，防晒服非常重要！好的防晒服不仅能阻挡紫外线，还能通过透气速干面料帮助排汗，让我们保持干爽。如果你脱了防晒服，会增加晒伤风险，在阳光直射下体感可能更热。”聪聪解释道。

你知道吗？

在户外阳光直射的环境中，紫外线辐射非常强烈。紫外线不仅会导致皮肤晒伤，还可能增加患皮肤癌的风险。优质的防晒服可以阻挡 80%～90%的紫外线辐射，有效保护皮肤。

为什么骆驼能当沙漠之舟？

这时，远处走来了一支骆驼队，这支骆驼队大约有 20 多头骆驼，每头骆驼都驮着沉甸甸的货物。

“快看，是骆驼队！”瑶瑶兴奋地指着远处的骆驼队，大声喊道。

“太有意思了！跟书上描写得描写得一模一样，骆驼的上牙和下牙交错地磨着，白沫子粘在胡须上……”文文兴奋地背诵着课文。

“是啊，骆驼在沙漠里不怕热，还能长时间不喝水，真厉害！你看它的两个驼峰，里面一定存满了水吧！”虎子看着骆驼，羡慕地说道。

“没错！所以骆驼才被称为‘沙漠之舟’啊！换成马或牛可不行！”瑶瑶笑着说道。

“其实，骆驼的驼峰里储存的并不是水！骆驼之所以能成为‘沙漠之舟’，全靠它独特的身体构造！”聪聪接过话，认真地解释道。

“什么构造？聪聪，快给我们讲讲！”虎子迫不及待地喊道。

特殊构造数据说话

聪聪的话匣子一下子打开了。“我们从下往上慢慢说。首先，骆驼的脚掌非常宽大，能够分散压力，不容易陷进沙里。而马的脚掌较细，容易陷入沙中，自然走不快。骆驼是所有动物中最耐旱的，它们可以在没有水的情况下生存长达 30 天。一旦找到水源，它们一次能喝下 30 多千克的水。”

“30 多千克？这差不多是一个一年级小学生的体重

了！”瑶瑶瞪大了眼睛，惊讶地说道。

“没错，驼峰里储存的是脂肪，而不是水。脂肪氧化后会产生代谢水，供骆驼生命活动所需。每克脂肪氧化后可以产生1.1克的代谢水。一个45千克的驼峰，大约能提供50千克的代谢水。”聪聪解释道。

“啊？驼峰里存的不是水？那骆驼为什么还能喝那么多水？”虎子满脸疑惑地问道。

“骆驼喝的水主要用于缓解脱水，恢复体液的正常容量。骆驼体液系统的最大供水量，等于正常体液容量减去脱水时的体液容量。它们在夏季的沙漠中可以忍受体重损失25%～30%的脱水。对于一只500千克的骆驼来说，这意味着它可以忍受125～150千克的水分流失。”聪聪继续解释道。

“天哪，骆驼竟然能承受这么多的水分流失！”瑶瑶惊叹道。

“聪聪，骆驼身上有厚厚的毛发，我穿防晒服都觉得热，它们穿着‘毛衣’为什么不怕热呢？”虎子好奇地问道。

聪聪立刻解释说：“你们知道吗？骆驼的长毛其实特别厉害！它们身上那层蓬松的驼毛就像一件天然的‘隔热外套’。驼毛之间有很多不流动的空气，这些空气可以阻止外面的热气进来，也能减少身体水分的流失。比如，一只驼毛不到 1 厘米厚的骆驼，每天每 100 千克体重会流失 3 升水；而驼毛长 3 到 14 厘米的骆驼，每天每 100 千克体重只流失 2 升水。所以，驼毛越长，隔热效果越好，水分流失就越少！”

“在沙漠里，最可怕的就是脱水了。没有水，任何动物都活不下去。骆驼还有一个超厉害的本事——它们的体温可以随着沙漠昼夜温差大幅变化！白天烈日下，骆驼的身体像一块吸热的海绵，它们的体温会升高到接近沙漠地表温度的 41℃左右，这样就不需要通过大量流汗来降温了，也就节省了水分。到了夜晚沙漠凉快了，它们的体温又逐渐下降，白天积累的热量通过皮肤又散发到空气中。比如，一只 500 千克的骆驼，体温升高 7℃，就能存下 1.26×10^7

焦耳的热量。如果靠出汗来散掉这些热量，它得流失 5 升水呢！”

“太神奇了！原来骆驼能成为‘沙漠之舟’有这么多科学道理！”孩子们兴奋地欢呼着，跑到骆驼队旁边，与它们合影留念。

小试牛刀

驼峰中每克脂肪氧化后产生 1.1 克的代谢水，一个 48 千克的驼峰能产生多少千克代谢水？自己动手算一算。

撒哈拉给予人类的警醒

在回程的车上，孩子们听说哈里发叔叔明天要带他们继续探索一望无际的撒哈拉沙漠，顿时兴奋得手舞足蹈。

哈里发叔叔看到孩子们这么高兴，问道："孩子们，如果让你们用一种颜色代表国家的话，你们觉得埃及可以用什么颜色代表呢？"几个小伙伴互相看了看，一时不知道该怎么回答。

这时，虎子突然大声喊道："蓝色！"

哈里发叔叔微笑着看了看大家，问道："你们觉得呢？"

"黄色吧？"文文犹豫了一下，小声说道。

哈里发叔叔边竖起拇指边说："没错，用黄色代表埃及。埃及被称为'只有长度而没有宽度的国家'，虽然它的面积与法国相当，但可居住地区仅限于尼罗河两岸的狭长地带，其余 90%以上的土地都是沙漠。"大家听了哈里发叔叔的介绍，都点点头。

这时，马老师对哈里发叔叔说：“哈导，去沙漠游玩，孩子们需要做哪些准备？您再叮嘱一下吧！”

“好的。”哈里发叔叔答道，“首先要穿好长衣、长裤，不要让皮肤暴露在外面，还要戴好遮阳帽和围巾。为了防止风沙，尽量用围巾把头部包裹严实，还要涂好防晒霜，戴上墨镜保护眼睛……”哈里发叔叔详细地给孩子们介绍着。

回到酒店大堂，孩子们依然沉浸在撒哈拉沙漠的神秘中。“那里到底是一个什么样的地方？”“那片一望无际的沙漠是怎么形成的？”“撒哈拉沙漠是世界上最大的沙漠吗？”“沙漠里会有生物生存吗？”……一连串的问题在他们的脑海中盘旋，让他们对明天的探险充满期待。

聪聪早已按捺不住好奇心，立刻连接上酒店的网络，准备一探究竟。

你知道吗？

撒哈拉沙漠形成于约250万年前，是地球上最古老的沙漠之一。它是世界第二大荒漠，仅次于南极洲，面积约932万平方千米，是世界最大的沙质荒漠。位于非洲北部的撒哈拉沙漠，气候条件极其恶劣，白天气温可高达50℃以上，夜晚却可能降至冰点以下，是地球上最不适合生物生存的地方之一。

探寻大沙漠！

孩子们并不急着回房间，而是聚在酒店大堂，兴致勃勃地为明天的探险做准备。

瑶瑶也连上了网络，突然，她发现了一条有趣的信息：撒哈拉沙漠原本并不是一片沙漠！

你知道吗？

在上一个冰河时期，撒哈拉地区并不是沙漠，而是一片湿润的土地，气候与今天的东非相似。考古人员在撒哈拉沙漠发现了约 3 万幅古代岩画，其中一半位于阿尔及利亚南部的恩阿杰尔高原。这些岩画描绘了河流中的动物，如鳄鱼等。在沙漠中甚至还发现了恐龙的化石。然而，从公元前 3000 年起，撒哈拉逐渐变得干旱，除了尼罗河谷和零星的绿洲，几乎再也没有大面积的植被了。

看到这条信息，孩子们顿时瞪大了眼睛，惊讶不已！

“那它是怎么变成沙漠的呢？”文文好奇地问道。

“世界上还有多少像撒哈拉这样的沙漠啊？”虎子迫不及待地追问道。

马老师见孩子们兴趣正浓，但又担心他们旅途劳累，便劝道：“大家早点回房间休息吧，明天还要早起呢。”

她笑着说：“撒哈拉是怎么变成沙漠的，明天我们可以请哈里发叔叔给大家详细讲讲。”

淘气的虎子却不依不饶，继续追问道：“世界上还有多少这样的沙漠？它们都在哪儿啊？”

瑶瑶安慰虎子道：“别急，我马上查一下！”

几秒钟后，瑶瑶兴奋地喊道：“我找到了！世界十大沙漠！”

“我想知道哪个大洲的沙漠最多？” 又是虎子提出了问题。

文文笑着说：“我想知道哪个沙漠的面积最大？哪个沙漠的面积最小。”

你知道吗？

名称	撒哈拉沙漠	阿拉伯沙漠	利比亚沙漠	澳大利亚沙漠	戈壁沙漠	巴塔哥尼亚沙漠	鲁卜哈里沙漠	卡拉哈里沙漠	大沙沙漠	塔克拉玛干沙漠
面积（万平方千米）	约 932	约 233	约 169	约 155	约 130	约 67	约 65	约 63	约 41	约 33
位置	非洲	非洲	非洲	大洋洲	亚洲	南美洲	亚洲	非洲	大洋洲	亚洲

画出来的多少！

马老师见孩子们讨论得热火朝天，不忍心打断他们，便顺势提出了一个问题：“我们怎样才能一眼看出十大沙漠的分布情况？又怎么比较它们面积的大小呢？”

聪聪立刻回答道：“马老师，您教过我们，扇形统计图适合比较部分与整体的关系，条形统计图适合比较数量的多少。”

聪聪还没说完，虎子就迫不及待地插话道：“用扇形统计图可以展示十大沙漠的分布情况，用条形统计图可以比较它们的面积大小！”

马老师微笑着点点头，夸奖道：“你们真棒，能把学到的数学知识灵活运用！”

聪聪不愧是团队中的小领袖，他二话不说，立刻拿出笔和本子，准备开始画图。孩子们按照任务分工，两人一组，有的负责收集数据，有的负责绘图。不一会儿，扇形统计图和条形统计图就完成了。

瑶瑶指着扇形统计图说：“从图中可以看出，十大沙漠中亚洲占了很大一部分，有$\frac{3}{10}$呢。”

聪聪指着条形统计图补充道：“从图中可以看出，面积最大的是撒哈拉沙漠，最小的是塔克拉玛干沙漠。”

“如果我们能搜集到撒哈拉沙漠的年降水量，也可以统计一下它每年降水量的多少，看看有什么变化。”马老师提议道。

“那就要画折线统计图了。”聪聪抢着说。

看来，学好数学不仅能帮助孩子们解决实际问题，还能让旅游变得更加有趣和智慧！

小试牛刀

你知道四位同学是如何绘制出扇形统计图和条形统计图的吗？不妨自己动手试一试。

第九章

充满艺术气息的亚历山大

我要在圆形剧场跳舞

参观过荒无人烟的西部沙漠后，同学们心中依然充满了对大自然的敬畏与赞叹。在回程的车上，同学们兴奋地分享着各自的所见所闻和心得体会。

马老师看着孩子们收获满满的样子，心里感到无比欣慰。孩子们看到马老师脸上的笑容，忍不住问道："马老师，明天我们要去哪里呀？"

马老师微笑着从包里掏出一张照片，那是她几年前在圆形剧场的留影。她举起照片，神秘地说道："明天，我们就去这里！"

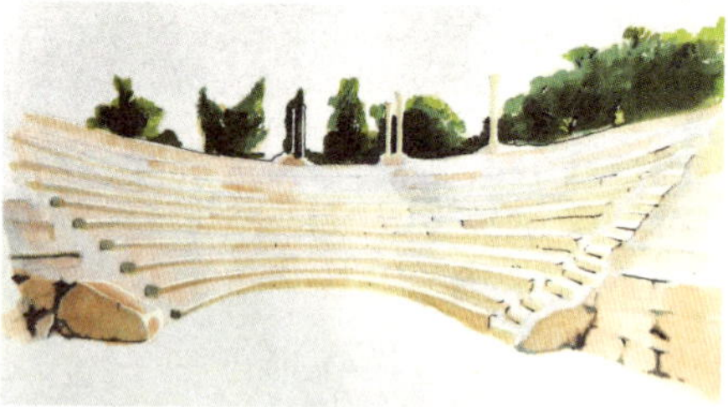

亚历山大圆形剧场

孩子们围过来，盯着照片好奇地问："这是哪里呀？"马老师却只是神秘地笑了笑，没有回答。

瑶瑶仔细观察照片，猜测道："这应该是个表演场所吧！你们看，这里像是舞台，那边可能是观众席。"

听了瑶瑶的话，其他孩子也纷纷点头："确实像表演场所！不过和我们现代的剧院不太一样，观众席好像围成了一个圆圈。"

马老师赞许地点点头："你们的观察力真强！没错，这就是圆形剧场。不过，我有几个问题想请你们帮忙解答！"

孩子们的眼睛亮晶晶的，充满期待地看着马老师。

马老师问道："你们知道剧场为什么要设计成圆形吗？它能容纳多少人？如果容纳 800 名观众，占地面积会是多少呢？"

回到酒店后，瑶瑶还在思考马老师的问题："剧场为什么要设计成圆形呢？"她迫不及待地拿出手机，开始查找资料，试图解开这个谜题。

用身体估测观众席面积

第二天一早，瑶瑶早早收拾好行李，敲响了聪聪的房门。两人一起下楼吃早餐，边吃边兴奋地讨论着今天要去的圆形剧场。

五分钟后，瑶瑶看到文文和虎子无精打采地走进餐厅，便关心地问道：“文文、虎子，你们怎么了？怎么看起来不太高兴？”

“我们昨晚查了资料，发现现在的圆形剧场因为自然侵蚀，已经变成了断壁残垣。”文文有些失望地说道。

“虽然现在成了废墟，但它曾经辉煌一时。这是埃及境内唯一一座罗马剧场，1960 年在建造亚历山大省政府办公大楼时被发现。”聪聪解释道。

听着孩子们的讨论，马老师忍不住鼓起了掌。她微笑着打招呼：“孩子们，早上好！”

孩子们一回头看到马老师，立刻兴奋地围了上去。马老师欣慰地说：“看到你们这么积极学习，我真为你们感到高兴！”

这时，导游哈里发叔叔走了进来，看到大家谈笑风生的样子，便好奇地问道：“你们在讨论什么？这么热闹！”

“我们在讨论今天要去的圆形剧场！”虎子兴奋地回答道。

哈里发叔叔清了清嗓子，微笑着说：“让我来给你们介绍一下吧！”孩子们立刻目不转睛地看着他。

“亚历山大圆形剧场建于公元 2 世纪，曾经是一座室内剧场，有 14 排白色大理石座位，可容纳 800 名观众。”哈里发叔叔继续说道，“虽然经历了大火、地震等灾害，如今的圆形剧场已不复当年的辉煌，但它依然散发着独特的历史魅力。现在，请大家带好随身物品，跟我一起出发吧！”

带着期待的心情，经过一段并不长的路程，孩子们在车上看到了圆形剧场。瑶瑶兴奋地叫道：“我们到啦，我们到啦！”马老师带着兴奋的孩子们下了车。

亚历山大圆形剧场

经过时间的洗礼，这个曾经辉煌一时的剧场已是满目疮痍。看着眼前的圆形剧场，文文站在舞台上，闭上眼睛，感受着早期圆形剧场的雄伟与壮观。这时，马老师的手机铃声响了起来，是一首优美的舞曲。文文情不自禁地跳起了舞，此时的文文就像一名舞蹈演员，仿佛下面有观众在观看她的表演。

虎子一边看着眼前文文的舞蹈，一边若有所思，扭头问了聪聪一句：“如果我们在这个剧场举办一场表演，那这个剧场里能容纳多少观众呢？”

瑶瑶不耐烦地说道：“刚才哈里发叔叔不是说过了嘛！这个剧场能容纳 800 名观众！”

虎子笑笑说：“我还真是马虎呢！”

受到虎子的启发，瑶瑶忽然说：我们能不能利用容纳的观众人数，来估测一下这 800 名观众占地的面积有多大啊？

虎子拍着脑门说：“怎么估测呢？”

默不作声的文文突然有了主意，说：“我们知道这个剧场大概能容纳 800 名观众，那么我们只要知道一个人的占地面积，再乘 800，不就是这些人大概的占地面积了吗？”

瑶瑶激动地跳了起来，说：“真是个好主意呢！我们以一只脚为圆心，肩宽为半径，画一个圆，大概就是一个人的占地面积。”

聪聪拿出自己 1 米长的软尺开始测量肩宽。虎子说：“我的肩宽为 30 厘米。”

文文说：“我的肩宽为 28 厘米。”

瑶瑶的肩宽为 31 厘米，聪聪的肩宽为 32 厘米，马老师的肩宽为 40 厘米。虎子说："我们都是小孩子，来看演出的大部分会是成人吧！所以我觉得我们应该以马老师的肩宽为标准会更准确一些。"

大家同意了虎子的说法，快速地算起了 800 名观众的占地面积。

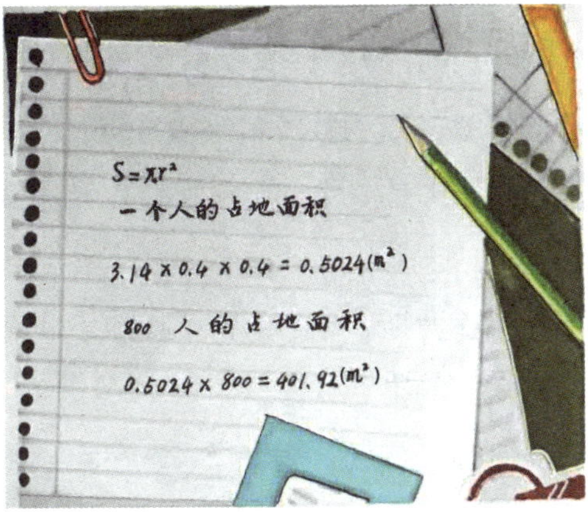

大家为自己的计算结果感到开心，兴奋地拉着马老师说："马老师，马老师，我们估测出了圆形剧场中容纳的 800 名观众的占地面积大约是 400 平方米！"

马老师开心地说："真是很有收获呢！"

这时，瑶瑶环顾四周，突然有了疑问，"为什么要把剧场设计成这样的形状呢？

你知道吗？

最初，剧场依山而建，为了更好的观看效果，建为一层一层的。剧场的回声效果是一流的，站在剧场中间说话或是拍掌，声音可清晰地传至后排的任何一个角落。

“哦，我明白了，原来是这样啊！”瑶瑶说。

导游哈里发叔叔看到孩子们兴致勃勃的样子，说：“还有很多剧场也是圆形的，比如，希腊最古老的露天剧场狄奥尼索斯剧场，在这座足以容纳 17000 人的剧场里曾经上演过无数场埃斯库罗斯、索福克勒斯和欧里庇得斯的悲剧作品及阿里斯托芬的喜剧作品。”

孩子们量完圆形剧场，开心极了，在圆形剧场的舞台上开始唱歌、跳舞。马老师当观众，一脸微笑地看着孩子们。在一片欢声笑语中，大家结束了这次圆形剧场之旅！

小试牛刀

你们知道孩子们是怎么研究出观众席的占地面积的吗？请你也试一试吧！

已损毁的人类遗迹——亚历山大灯塔

“圆形剧场真是太大了！”

“是呀是呀，可以容纳 800 名观众呢！”

“这座剧场可追溯到 2 世纪，可是直到 20 世纪 60 年代才被波兰考古学家发现呢！”

……

在酒店的餐厅，同学们意犹未尽地围在一起叽叽喳喳地讨论着今天的见闻。马老师欣慰地看着孩子们。

一座灯塔指引方向

“马老师，我们明天去哪里参观呢？”文文兴奋地问。

“明天我们要去参观亚历山大灯塔的遗址。”马老师回答道。

“亚历山大灯塔？在哪里呀？是个什么样的建筑呢？”虎子挠挠头，慢悠悠地嘟哝着。

瑶瑶一边拿出手机一边说：“别急别急，我来上网查一查！”

“我也来查！我也来查！”聪聪也掏出了手机并小声读起来，“亚历山大灯塔位于埃及亚历山大港附近的法洛斯岛上，是世界公认的古代七大奇迹之一。灯塔的建造大约始于公元前 3 世纪，历时数十年才完成。它的高度估计在 120 米至 137 米之间，是当时世界上最高的建筑之一。据说灯塔的第一层是方形结构，第二层是八角形结构，第三层是圆形结构。”

“我也找到了！”瑶瑶着急地说，“亚历山大灯塔是为了帮助海上船只导航而建的，它的设计者是希腊的建筑师索斯特拉图斯。灯塔顶部有一个巨大的火盆，夜晚点燃火焰，并通过反光装置增强灯光的亮度，为远处的船只指引方向。”

“你们都是爱学习的好孩子，能主动查阅资料，真不错！”马老师欣慰地点点头，微笑着对同学们说，“亚历山大灯塔的知识还有很多很多呢，比如它在多次地震中损毁，最终在 14 世纪完全倒塌。今天大家先好好休息，明天我们去参观遗址，了解更多关于它的故事。”

“好！”孩子们欢呼着。

躺在床上，聪聪怎么也睡不着，还在想着灯塔还藏着哪些知识呢？他又不由得拿起了手机，继续查阅资料。

而此时的虎子早已进入了梦乡，梦里高高的灯塔发出耀眼的光芒，远处仿佛有船只缓缓驶来……

你知道吗？

关于亚历山大灯塔的建造原因，流传着这样一个传说：公元前 280 年秋天的一个夜晚，月黑风高，一艘埃及的皇家喜船在驶入亚历山大港时触礁沉没，船上的皇亲国戚及从欧洲娶来的新娘全部葬身鱼腹。这一悲剧震惊了埃及朝野上下，国王托勒密二世因此下令在亚历山大港的入口处修建一座导航灯塔。

然而，这一故事更像是一个传说，而非确凿的历史事件。实际上，亚历山大灯塔的建造更多是为了促进海上贸易和保障航行安全。亚历山大港是当时地中海地区最重要的港口之一，灯塔的建造不仅提升了港口的安全性，还象征着托勒密王朝的繁荣和科技水平。

船只入港时间知多少

第二天，天刚蒙蒙亮，孩子们就收拾好行装，坐上了开往灯塔遗址的大巴。虎子刚坐下，就激动地说："你们知道吗？昨天我梦到灯塔了，一条大船从西北方向顺着灯塔发出的光亮，很快就到达了亚历山大港。"

"很快是多久呢？"瑶瑶调皮地问道。

"嗯，嗯，反正从船上能看到光亮到港口的时间好像很短，但是具体用了多久，我还真没有梦到。"听到虎子的话，马老师、瑶瑶、文文和聪聪都笑了。

"要不咱们就一起算算，西北方向驶来的大船从看到灯塔上的光开始，要多久能到达港口吧！"聪聪提议。

“好啊。”瑶瑶爽快地答应。

“为了让我们的虎子感受到大船驶来的方向和距离，清楚地算出西北方向驶来的大船多久能到亚历山大港，我们利用上学期刚学的位置与方向的知识来画个图再计算吧！”聪聪提议。

“位置与方向？”虎子又有点蒙了。

“这你都忘记了，之前马老师刚教的。”聪聪也着急了。

同学们叽叽喳喳地谈论着，文文已经拿出了背包里的白纸、铅笔和尺子开始写写画画了。

“我先在纸上画出东、南、西、北四个方位。”文文说道。

“对，对，再确定一个比例尺，比如 1 厘米代表 10 公里。”瑶瑶也加入了文文的绘画。

“在西北方向画出 60 公里的距离就好了。”聪聪也跟着出谋划策。

“太好啦！这回我会了！可是船行驶的速度是多少呢？”虎子挠着头盯着画好的图又开始犯起难来。

“古代帆船的速度一般在 4 到 6 节，现代集装箱船的速度一般在 20 到 25 节。”聪聪说。

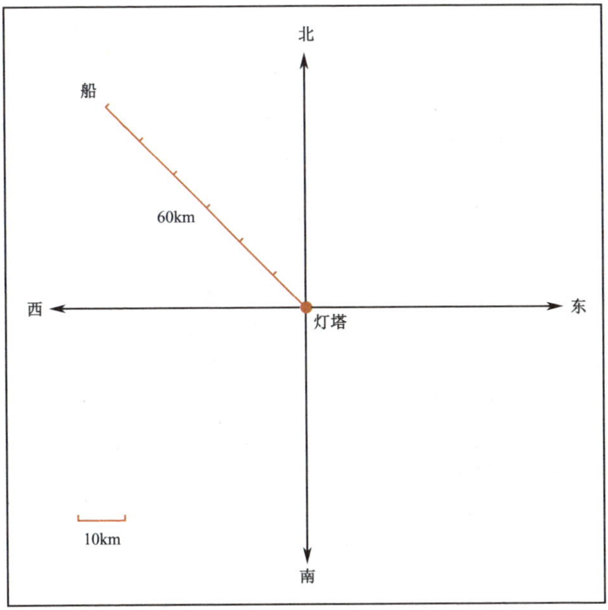

看到大家都有些疑惑，马老师补充介绍："陆地上的车辆及江河里的船舶，其速度计量单位多用千米/小时，而海船（包括军舰）的速度单位却多用'节'。后来，节也用于风及洋流的速度。节的符号是英文'knot'的词头，采用'kn'表示。1 节等于每小时 1 海里，按照国际标准，1 海里约等于 1.852 千米。"

你知道吗？

在 16 世纪，为了计算船的航行速度，水手们想出了一种方法：在一根长绳上打很多结（knot），然后在船尾随水流放下，通过计算一定时间内被冲走的结的个数来估算船速。

海里是航海上的长度单位，每小时航行 1 海里的速度叫作 1 节。节的英文是 knot，它原指地球子午线上纬度 1 分的弧度。地球略呈椭球体状，在不同纬度的 1 分的弧度略有差异，这导致世界各地 1 海里的长度也略有不同。

最长的海里是在南北两极，1 海里约等于 1862 米。

最短的海里是在赤道上，1 海里约等于 1842 米。

"这下我知道从西北方向驶来的大船从看到灯塔上的光开始要多久能到达港口了。"虎子拿起手机，找到计算器开始算起来，"1 节 = 1 海里/小时 = 1.852 千米/小时，所以现代集装箱船在海上可以达到 1.852 × 25=46.3 千米/小时，用总距离 60 千米除以 46.3 千米/小时，约等于 1.3 小时，大概就是 1 小时 20 分钟。看到灯塔光亮的船只大概 1 小时 20 分钟就可以到达亚历山大港了！"

瑶瑶和文文也拿着计算器快速地按着，大脑飞速地运转着。

“对了，对了，就是这样！”孩子们兴奋地叫起来。

“古代的帆船就要慢多了。”看着大家都在忙着算集装箱船要用的时间，聪聪算起了古代帆船从看到灯塔上的灯光到进入港口的时间，“1.852 乘 6 等于 11.112 千米/小时，用总距离 60 千米除以 11.112 千米/小时，约等于 5.4 小时，大概就是 5 小时 24 分钟。古代帆船看到灯塔光亮后，大概要用 5 小时 24 分钟才能到达亚历山大港！”

孩子们激动地围到马老师的座位旁边，请马老师看这看那。

“你们说得都对，能够将学习到的数学知识运用到生活中来，真替你们感到高兴！”马老师为孩子们竖起了拇指，“那你们知道位置与方向的知识在我们的生活中还有哪些应用吗？”

“我知道！我知道！”虎子不等别人回答，抢先说，“听我爸爸说，大家现在经常用到的导航就是我们学习的位置与方向的知识，爸爸还给我介绍过北斗卫星导航系统呢！”看到虎子兴奋的样子，大家都向他投去了赞许的目光。

你知道吗？

位置与方向的知识在日常生活、航海、军事等领域都有广泛的应用。比如，北斗导航系统就是中国自行研制的全球卫星导航系统。北斗卫星导航系统不仅可以提供高精度定位服务，还支持导航、授时和短报文通信等功能。它在交通、农业、救灾、通信等领域有着广泛应用。

历史的遗迹与记忆

随着大巴车的刹车声，马老师和孩子们到达了亚历山大海边。孩子们赶紧下车，想一睹灯塔的光芒。

“啊？怎么没有灯塔的影子？”虎子左顾右盼。

“对呀，咱们参观的不是盖贝依城堡吗？”文文也疑惑地嘟囔起来。

聪聪拍拍虎子的肩膀，说：“别找了，我告诉你吧，昨天我查询了更多关于灯塔的资料。亚历山大灯塔在多次地震中遭到严重破坏，最终在 14 世纪完全损毁。1480 年，人们在灯塔原址上利用废墟中的石块修建了盖贝依城堡。”

盖贝依城堡

“是啊，虽然灯塔已经成为历史，但人们却从未忘记它。现在闭上眼睛，似乎可以感受到灯塔顶上那火光反射出的光芒，照耀着地中海的海浪，也照耀着每一个古老的奇迹。”望着废墟遗址，马老师发出感慨。

小试牛刀

现在世人已经无法知道亚历山大灯塔到底有多么宏伟，只能想象它的样子。你能根据自己学过的知识，并参考一些资料，按照按一定比例画出亚历山大灯塔吗？

第十章

重返开罗

古埃及文明的母亲河

愉快的埃及之旅已经接近尾声，马老师带领孩子们即将返回开罗，但孩子们的兴致依然不减。他们兴奋着、雀跃着、交流着，谈论着金字塔的雄伟、卡尔纳克神庙的神秘，以及沙漠之旅的难忘感受。

看来，埃及的古老文明已经深深地根植于孩子们的心田！他们对这个有着悠久历史的文明古国充满了眷恋和不舍。

瑶瑶拿出随身携带的地图，标注上已经走过的地方。这时，她发现一条狭长的河流从南到北贯穿埃及，它就是被称作“埃及母亲河”的尼罗河。

瑶瑶按捺不住好奇心，问导游：“哈里发叔叔，听说埃及人把尼罗河称为‘母亲河’，这是为什么呢？”

“你知道的还真不少！”哈里发叔叔笑着说，“尼罗河全长约 6650 千米，是世界上最长的河流，其中流经埃及的河段长约 1350 千米，是自然条件最优越的一段。在某些河段，尼罗河的宽度可达 800～1000 米，深度约为 10～12 米，水流平缓，非常适合灌溉和航行。虽然尼罗河谷和三角洲仅占埃及国土面积的 3%，却聚集了全国 96% 的人口。在阿斯旺水坝建成之前，每年 5 月到 11 月，尼罗河河水泛滥后留下的肥沃淤泥，使得河谷地区成为埃及的粮仓，农作物可以一年两熟甚至更多。就像黄河孕育了中华文明一样，尼罗河也滋养了古埃及文明，因此埃及人将尼罗河尊称为‘母亲河’。”

你知道吗？

尼罗河（Nile）是一条流经非洲东部与北部的河流，发源于非洲中部的布隆迪，自南向北流经卢旺达、坦桑尼亚、乌干达、南苏丹、苏丹和埃及，最终注入地中海。尼罗河全长约 6650 公里，是世界上最长的河流。它有两条主要的支流，分别是白尼罗河和青尼罗河。尽管流经埃及境内的尼罗河河段只有 1350 千米，但由于地势平坦、水量充沛，这段河流的自然条件非常优越，平均河宽 800～1000 米，深度 10～12 米，水流平缓，非常适合农业灌溉和航运。

面积的由来！

“看来，尼罗河河水泛滥也不全是件坏事！”虎子认真地听着。

哈里发叔叔笑了笑，接着说：“根据古希腊历史学家希罗多德的记载，古埃及的农夫只需要等待河水泛滥，让洪水自然灌溉农田。洪水退去后，农夫们将种子撒在肥沃的土地上。之后，他们只需等待丰收。希罗多德曾说过，埃及是尼罗河的馈赠，这句话充分说明了尼罗河对埃及农业和文明的重要性。”

聪聪接着说：“我记得马老师告诉我们，尼罗河河水泛滥不仅带来了肥沃的淤泥，还塑造了埃及的农田和土地面积，这是埃及农业繁荣的基础。”

瑶瑶点点头，补充道：“是啊，马老师在讲面积的时候提到过，尼罗河泛滥会冲毁人们划好的田地界线。等洪水退去后，田地的主人常常因为界限不清而发生争执，于是人们不得不重新丈量土地并计算面积。正是这种实际需求，推动了古埃及人对土地测量和面积计算的研究。”

马老师看了看瑶瑶和聪聪，微笑着点点头。“你们知道古埃及人是如何划分土地界线的吗？”马老师问。

孩子们你看看我，我看看你，都摇摇头。

聪聪连忙说：“让我上网查查。”不一会，他就搜索到了这样的信息。

你知道吗？

据古埃及的史料记载，古埃及人将土地划分为相等的矩形小块，然后计算它们的面积。面积的计算方法，最初可能是工匠在铺设方砖地面时发现的。他们注意到，一块三砖长、三砖宽的地面需要九块砖（3×3）铺设，而一块三砖长、五砖宽的地面则需要十五块砖（3×5）铺设。通过这种实践，他们总结出计算正方形和长方形面积的规律：只需用长度乘宽度即可。这一发现不仅简化了土地测量，还为几何学的发展奠定了基础。

一块不规则的田块！

“不是所有土地都是正方形或长方形的，有些土地的形状是不规则的，怎么办呢？”文文问。

“是啊，有的土地边角不规则，形状复杂，该怎么计算呢？”瑶瑶也跟着问道。

马老师顺着问题继续引导：“比如尼罗河三角洲，它的形状就像一枝莲花，边缘弯曲，面积又大，该怎么计算呢？”

尼罗河三角洲

聪聪立刻开始搜索，思考如何计算不规则形状的面积。他想到，一旦掌握了长方形和正方形面积的计算方法，三角形面积的计算也就不难了。比如，一块正方形的抹布可以折叠成两个大小相等的三角形，每个三角形的面积恰好是正方形面积的一半。

聪聪推测，古埃及人可能正是从这类简单的实践中，总结出了计算三角形面积的方法：用底乘高，再除以2。

说着说着，几个孩子拿着手中的地图，开始分工合作。有的负责画图，有的负责测量，还有的负责计算。他们决定一起算一算尼罗河三角洲的面积。

经过仔细测量和计算，他们得出的结果大约是 2.4 万平方千米。聪聪上网一查，发现与网上显示的结果非常接近！

小试牛刀

你知道四位同学是如何计算出尼罗河三角洲面积的吗？不妨自己动手试一试。

为爸爸妈妈带份礼物——汗·哈利利市场

愉快的埃及之旅快要结束了，大家都想为爸爸妈妈买些礼物带回去。导游哈里发叔叔答应今天带他们去开罗最有名的市场——汗·哈利利市场逛逛。

“汗·哈利利市场位于开罗老城区，是中东最大的集市之一。整个市场由分布在几十条小街巷里的数千家店铺组成，在这里可以感受到埃及人最真实的生活气息。”路上，哈里发叔叔为大家介绍着汗·哈利利市场的历史和特色，“市场的历史可以追溯到中世纪。经过数百年的发展，这里逐渐演变成

埃及乃至整个阿拉伯地区最著名的工艺品市场。"

"你们看，这就是市场了。"不知不觉中，大家已经置身于市场之中。

瑶瑶张大了嘴巴，惊叹道："这市场真大呀！摊位密密麻麻，商品琳琅满目，从手工铜器、香料到珠宝首饰，应有尽有。纵横交错的过道像迷宫一样，让人眼花缭乱！"

"我带着大家边走边逛吧，你们看看都需要买些什么。"哈里发叔叔说道。

"我想买纸莎草纸画，我上网查了，莎草纸是埃及文明的载体与象征，我要买回去给老爸看看。"聪聪兴奋地说。

"是个不错的想法。"哈里发叔叔点头说道，"莎草纸的制作技术曾一度失传，直到 1962 年，埃及工程师哈桑·拉贾通过从法国引种的纸莎草，成功还原了这项古老技艺。在古代，莎草纸是法老的专属财产，用于记录重要的文献和历史事件。如今，纸莎草纸画已经成为埃及文化的象征，在这里随处可见。"

"我也想买几张纸莎草纸画，瑶瑶，你想买什么呢？"文文看着一直没说话的瑶瑶问道。

瑶瑶微笑着说："我听妈妈说，埃及的香精非常有名。

它是从包括鲜花和树木在内的植物中提取的，经过压榨、发酵等复杂工序制成。据说，一瓶 6 盎司的香精需要 12 万朵花才能制成，而且不含酒精和油脂，非常纯净。我想买一些香精带回去给妈妈。”

“没错，”哈里发叔叔接过话头，“香精是古埃及文明留给世界的珍贵遗产。早在公元前 4000 年，古埃及人就开始提炼香料，香精的历史与金字塔一样悠久。我们在埃及国家博物馆看到的考古出土香精，就是最好的证明。如今，80%的埃及天然香精出口到法国，法国人用它们制作世界顶级的香水。”

“真的这么好啊，那我也买香精吧。”听了哈里发叔叔的介绍，文文也心动了。

香精调制香水

“这就是一家香精店。”哈里发叔叔指着边上的一家店铺说道。

店里摆满了各式各样的香精，琳琅满目。看到有客人进来，店员热情地走过来打招呼，“你们好，想买什么香精呢？”让瑶瑶和文文惊讶的是，店员竟然能说一口流利的中文。

“我想要味道清新一些的。您能给我推荐一款吗？”瑶瑶说。

“好，”店员微笑着，拿出一瓶香精，“这是以百合花为原料制成的香精，味道清新淡雅，你闻闻看。”

瑶瑶轻轻闻了闻，点头说道：“很好闻，就买它吧。您能告诉我这个香精怎么使用吗？”

“这款香精可以直接涂抹在皮肤上，也可以按照 1 : 9 的比例将香精和酒精混合，调制成香水使用。”店员一边解释，一边在瑶瑶的耳后涂了一点香精。

“1 : 9 是什么意思啊？”文文好奇地问瑶瑶。

“1 : 9 的意思是将一份香精和九份酒精混合在一起，这样就可以制成香水了。”瑶瑶解释道。

“也就是说，1 毫升香精需要加 9 毫升酒精，2 毫升香精需要加 18 毫升酒精，香精和酒精的比例是 1 : 9，对吗？”文文认真地计算着。

“没错。”瑶瑶点了点头。

“那 5 毫升香精加 45 毫升酒精，就能调出 50 毫升香水了！香精真是太神奇了！”文文兴奋地说道。

“1∶9 是最常见的调制比例，适合大多数人使用。如果想要香水味道更浓郁，也可以按照 1∶8 的比例调制，或者减少酒精的用量。具体比可以根据个人喜好调整。”店员补充道。

“按照 1∶8 调制，酒精量是香精的 8 倍；按照 1∶9 调制，酒精量是香精的 9 倍。比不同，香水的浓度也会变化。”文文一边思考一边总结道。

比是一种尺子

一直听他俩谈话的马老师插进话来：“没错，1∶8 和 1∶9 叫作比。比就像一把无形的尺子，它衡量着香水的浓度。如果比相同，香水的浓度就相同；如果比不同，浓度也会随之变化。生活中还有很多关于比的例子，你们能举出一些吗？”

文文抢着说：“我知道！调制蜂蜜水时，如果一勺蜂蜜兑 10 勺水，蜂蜜和水的比就是 1∶10。如果想喝更甜一点的，可以一勺蜂蜜兑 5 勺水，蜂蜜与水的比就是 1∶5。比不同，蜂蜜水的甜度也会不同。”

瑶瑶也举了一个例子："我看见小姨给弟弟冲奶粉时，奶粉桶上写着 1 勺奶粉兑 30 毫升水。小姨说，每 1 勺奶粉都要兑 30 毫升水，这样冲出来的奶粉才适合宝宝喝。我想，奶粉和水的比就是 1 : 30。"

马老师点了点头，笑着说："你们举的例子都很棒！奶粉和水的比确实是 1 : 30，不过这是一个不同类量的比，因为奶粉的单位是'勺'，而水的单位是'毫升'。这种比在生活中非常常见，比如汽车行驶的距离与耗油量的比，或者食物的营养成分比等。"

你知道吗？

通常，两个数相除叫作这两个数的比，它表示两个量之间相比较的关系。

例如，在 $a:b$ 中，a 是前项，表示被比较的量；b 是后项，表示比较的基准（后项不能为 0）。符号"："叫作比号。比的前项除以后项所得的商叫作比值。

两个同类量相比，可以得到它们之间的倍数关系。比如，如果一个篮子里有 6 个苹果和 3 个橙子，苹果与橙子的比是 6：3，比值是 2，表示苹果的数量是橙子的 2 倍。

两个不同类量相比，通常可以得到一个新的量。例如，路程与时间的比是速度，质量与体积的比是密度。这些新的量帮助我们更好地理解和描述世界。

“比真神奇啊，原来它在生活中有这么多应用！”文文感叹道，“我回家要用今天学到的知识，教妈妈怎么调制香水。”

马老师笑着点点头：“好啊，那你们赶快去挑选香精吧，记得选自己喜欢的味道。”

“好嘞！”文文兴奋地拉着瑶瑶，又回到香精店仔细挑选起来。

在汗·哈利利市场逛了一圈，大家都买到了心仪的礼物。瑶瑶选了一瓶百合花香精，文文挑了几张精美的纸莎草纸画，聪聪则买了一个手工铜器。在回酒店的路上，他们兴高采烈地谈论着爸爸妈妈收到礼物时的惊喜表情，欢笑声充满了整个车厢。

小试牛刀

你能根据个人喜好调制一款自己喜欢的香水吗？并用比的知识解释你是怎么调制这款香水的。

反侵权盗版声明

举报电话：（010）88254396；（010）88258888
传　　真：（010）88254397
E-mail：　dbqq@phei.com.cn
通信地址：北京市万寿路 173 信箱
　　　　　电子工业出版社总编办公室
邮　　编：100036